ANALYSE

DES

TRAVAUX

DE LA

SOCIÉTÉ ROYALE

DES ARTS DU MANS,

Depuis l'Époque de son Institution, en 1794, jusqu'à
la fin de 1819.

———

PREMIÈRE PARTIE.

SCIENCES MATHÉMATIQUES ET PHYSIQUES.

PAR A.-P. LEDRU, BIBLIOTHÉCAIRE DE LA SOCIÉTÉ.

AU MANS,

DE L'IMPRIMERIE DE MONNOYER, IMPRIMEUR DU ROI
ET DE LA SOCIÉTÉ DES ARTS.

———

1820.

EXTRAIT

D'UN ARRÊTÉ

pris le 5 novembre 1812.

La Société des Arts du Mans, considérant qu'elle possède un grand nombre de mémoires, sur les différentes branches des sciences, des lettres et des arts; qu'une correspondance suivie avec le ministre de l'intérieur, les administrations du département, et plusieurs sociétés littéraires, a augmenté la masse des matériaux mis à sa disposition; qu'investie de la confiance de ses concitoyens, elle doit justifier ce titre honorable, en donnant, au résultat de ses recherches, la plus grande publicité, arrête qu'elle fera *imprimer l'analyse de ses travaux* depuis *l'époque de son institution, en 1794, jusqu'à la fin de* 1819.

TABLEAU

DES MEMBRES

QUI COMPOSENT

LA SOCIÉTÉ ROYALE DES ARTS DU MANS;

EN JANVIER 1820.

MEMBRES DU BUREAU.

PRÉSIDENT. M. De Clermont, Chevalier de l'ordre royal et militaire de S. Louis, Colonel de la garde nationale du Mans.

SECRÉTAIRE. M. Houdbert, juge au tribunal de 1re instance.

TRÉSORIER. M. Berard, négociant, correspondant de la Société royale des Antiquaires de France.

SOUS-TRÉSORIER. M. Marigné, pharmacien.

BIBLIOTHÉCAIRE. M. Ledru, membre de la Société royale des Antiquaires de France, de celles de Tours et de Nantes.

MEMBRES NÉS

Messieurs,

Le Préfet du département de la Sarthe;

Le Maire de la ville du Mans.

MEMBRES RÉSIDANS.

Messieurs,

Blanchard de la Musse, juge d'instruction.

Boyer, professeur de rhétorique au collége.

Cauvin, ancien professeur d'histoire naturelle.

Cherrier, aîné, ingénieur en chef.

Chesneau-Desportes, Chevalier de l'ordre royal de la légion d'honneur, conseiller de préfecture.

Chiron, professeur de mathématiques au collége.

Daudin, ingénieur en chef des ponts et chaussées, en retraite, membre de plusieurs sociétés savantes.

Deshourmeaux, ingénieur des ponts et chaussées, en retraite.

Desportes de Gagnemont.

Desportes, le jeune, naturaliste.

De Tascher, Chevalier de l'ordre royal de la légion d'honneur, ex-maire de la ville du Mans.

Dumesnil-d'Hauteville.

Féron, docteur en médecine.

Girard, procureur du Roi.

Gaude, directeur des contributions indirectes.

Jélin, docteur en chirurgie, professeur du cours d'accou-chément établi près l'hospice du Mans.

Lebrun, docteur médecin, membre de la Société d'ins-truction médicale de Paris et correspondant de la Faculté de médecine.

Lepelletier, docteur en médecine.

Leprince-Claircigny, négociant.

Liberge , docteur en médecine.

Maffré , juge du paix du 3e canton du Mans.

Mallet , docteur en médecine.

Moissenet , docteur ès-lettres, principal honoraire du collége du Mans.

Mordret , docteur en médecine.

Mortier-Duparc, ex-législateur.

Ouvrard, l'aîné.

Pôté, docteur ès-lettres, ancien professeur de mathématiques.

Renouard, bibliothécaire du département, correspondant de la Société royale des Antiquaires de France.

Renvoisé , sous-principal du collége du Mans.

Turbat, avoué-licencié.

Vétillard , maire de Pontlieue.

MEMBRE HONORAIRE.

M. le comte Lemercier , pair de France, *à Paris.*

MEMBRES CORRESPONDANS,

Dómiciliés dans le département.

Messieurs ,

Chaubry, chevalier de l'ordre royal de la légion d'honneur, ex-inspecteur divisionnaire du corps royal des ponts et chaussées, *à Clermont.*

De Musset, chevalier de l'ordre royal de la légion d'honneur, correspondant de la Société des sciences d'Orléans, *à Cogners.*

Le comte de Perrochel, *à St-Aubin-de-Locquenay.*

Deslandes, membre du conseil général du département, *à Bazouges.*

Goupil, docteur en médecine et en chirurgie, *à Avessé.*

Guinebert, instituteur, *à Lognes.*

Lépine, docteur en médecine, *à la Flèche.*

Menjot d'Elbennes, chevalier de l'ordre royal et militaire de S. Louis, *à la Chapelle-St-Remy.*

Mony, *à Rahay.*

Rast-Desarmands, chevalier de l'ordre royal de la légion d'honneur, ex-secrétaire général de la préfecture, *à Lucé.*

Rivière, avoué-licencié, *à la Flèche.*

MEMBRES CORRESPONDANS,

Non-domiciliés dans le département

Messieurs,

Le baron Auvray, chevalier des ordres royaux de S. Louis et de la légion d'honneur, maréchal de camp, *à Tours.*

Bigot de Morogues, naturaliste, *à Orléans.*

Bouvier, docteur-médecin, *à Paris.*

Bucquet, docteur-médecin, *à Laval.*

Butet, directeur de l'école polymathique, et membre de plusieurs Sociétés savantes, *à Paris.*

Cauchy, *à Paris.*

Chevalier, opticien, *à Paris.*

(9)

Daüsnier, homme de lettres, *à Paris.*

Dechéhère, curé, *à Laval.*

Delidonne, mathématicien, *à Paris.*

De Luga, docteur-médecin, chirurgien-major, *à Be-sançon.*

De Passac, ancien officier d'artillerie, *à Vendôme.*

D'Estourmel, préfet d'Eure-et-Loir, *à Chartres.*

De Turin, *à Ceton* (Orne).

Douette-Richardot, *à Langres.*

Dubois, libraire, *à Evreux.*

Duroncerai, secrétaire de l'Athénée, *à Paris.*

Ferri de St-Constant, *en Italie.*

Guibert, de la Société d'émulation, *à Paris.*

Johanneau (Eloi), homme de lettres, *à Paris.*

Lepère, inspecteur divisionnaire des ponts et chaussées, *à Paris.*

Mahérault, ancien professeur de l'université, *à Paris.*

Mazure, inspecteur général de l'Université, *à Paris.*

Menard de la Groye, naturaliste, correspondant de l'Académie royale des sciences, *à Paris.*

Moreau, médecin, bibliothécaire de l'école de médecine, *à Paris.*

Pasquier (Jules), chevalier de l'ordre royal de la légion d'honneur, ex-préfet de la Sarthe, directeur général de la caisse d'amortissement, *à Paris.*

Pavée, docteur en médecine, *à Paris.*

Pesche, libraire, *à Paris.*

Ponce, graveur, *à Paris.*

Pottier-Deslauriers, *à Paris,*

Rast-Maupas, *à Lyon.*

Reynault, inspecteur de l'Ecole polytechnique, *à Paris.*

Rival, chirurgien en chef de l'hopital, *à Gaillac.*

Rojou, pharmacien, *à Paris.*

Sage, de l'Académie royale des sciences, directeur de l'Ecole des mines, *à Paris.*

Salverte (Eusèbe), homme de lettres, *à Paris.*

Sauquaire-Souligné, *à Paris.*

Silvestre, secrétaire de la Société royale d'Agriculture de la Seine, *à Paris.*

Sorlin, astronôme, *à Paris.*

Urguet de St-Ouen, secrétaire en chef du parquet de la Cour de Cassation, *à Paris.*

Vaidy, docteur en médecine, *à Paris.*

Vaysse de Villiers, inspecteur des postes, *à Paris.*

Verdure, ex-principal de collége, *au Blanc.*

Vitry, *à Paris.*

INTRODUCTION.

L'établissement des Sociétés d'agriculture, arts et commerce, vers le milieu du siècle dernier, rappelle une époque mémorable, celle où les bons esprits persuadés que la vraie richesse d'un Etat consiste dans les produits du sol et dans ceux de l'industrie manufacturière, se livrèrent avec ardeur à des recherches dirigées vers des objets d'utilité publique.

La France sortait à peine d'une guerre désastreuse qui, pendant sept années, avait moissonné l'élite de notre population et détruit jusqu'au dernier de nos vaisseaux; la paix générale n'était pas encore signée..... et déjà, le Gouvernement, instruit à l'école du malheur, voulant cicatriser les plaies du corps politique, s'occupait d'organiser des Sociétés d'agriculture dans les trente et une généralités du Royaume. Celle de l'Intendance de Tours fut instituée la première, par lettres-patentes du 24 février 1761, sous le ministère de M. Bertin, (1) et partagée en

---

(1) La Société d'agriculture de Paris fut organisée dans le même temps; l'une et l'autre ont été formées sur le modèle d'une première association de ce genre qu'un négociant patriote (Montaudoin) avait fait ériger à Rennes, en 1757, par les Etats de Bretagne. (Mém. de la Soc. d'agriculture de Paris. 1810. tom. 13. page 86.)

trois bureaux, dont l'un à Tours même, l'autre à Angers, et le troisième au Mans.

Ainsi, fut établie dans notre ville cette utile Société qui, pendant 30 années a rendu les plus grands services à la province; dix registres de délibérations, et plus de 800 mémoires sur toutes les branches de l'Economie rurale, attestent suffisamment le zèle et les lumières des membres estimables que le Bureau du Mans renfermait dans son sein.

Il avait pris, pour épigraphe, cette maxime imitée de Xenophon, qui devrait être écrite en lettres d'or sur la table de tous les propriétaires « La vraie richesse consiste » dans la population, la population dépend des subsis- » tances; les subsistances se tirent de la terre ; le produit » des terres dépend de l'agriculture; d'où il suit que » l'agriculture est le premier, le plus utile et le plus » précieux de tous les arts. »

Mânes révérés des Veron-du-Verger, des Belin, des Madrelle, des Vétillard, des Forbonnais...., Vos noms sont inscrits par la reconnaissance, dans le cœur de nos concitoyens, et votre mémoire sera chère à nos derniers neveux.

L'ancienne Société d'Agriculture a subsisté, avec honneur, jusqu'en 1793. Elle fut alors détruite par le torrent révolutionnaire qui entraîna la chûte de toutes nos institutions. Mais détournons nos regards d'une époque funeste qui ne rappelle que les erreurs ou les crimes de tous les partis, et qu'un meilleur ordre de choses doit nous faire oublier.

Cependant, un intérêt commun rallia bientôt plusieurs

citoyens estimables livrés à l'étude des lettres, et qui se dévouèrent généreusement à la recherche, à la conservation des monumens historiques de notre province. La reconnaissance me fait un devoir de citer le nom de ces premiers fondateurs de notre Société qui, dès le 25 mars 1794, obtinrent de la municipalité du Mans, la permission de se réunir sous le titre de *Commission des Arts.* Ce furent MM. Chaubry, Chesneau-Desportes, Béchet-Deshourmeaux, Mortier-Duparc, Leprince-Claircigny, et Ruillé. (Ce dernier mourut bientôt après, victime de son zèle à soulager les malheureux Vendéens, détenus dans les prisons du Mans.)

Au mois d'août de la même année, l'administration du district organisa une *Commission Bibliographique* chargée de recueillir, inventorier et conserver tous les objets d'arts, les livres, manuscrits, cartes, gravures, médailles échappés au vandalisme. Cette commission fut composée de MM. Bordier, Doigny, Dumesnil-d'Hauteville, Lahoussaye, Ledru, Lepeletier-de-Feumusson, Livré, Maulny, Renouard, De Tascher et Vautier.

En avril 1795, le département organisa un *Bureau consultatif d'Agriculture et Commerce* formé de MM. Desportes-de-Gagnemont, Leprince-d'Ardenay, Rojou, De Tournay et Véron.

Ces diverses Commissions, en octobre 1795, se réunirent sous le titre de *Bureau central de Correspondance des Arts,* et admirent dans leur sein plusieurs collaborateurs avantageusement connus par leurs lumières et leur moralité.

Bientôt, cette nouvelle Société obtint la sanction du

ministre de l'intérieur, se donna un règlement, en mars 1799, et adopta le titre de *Société libre des Arts du département de la Sarthe*, que Sa Majesté Louis XVIII, par ordonnance du mois de décembre 1814, a bien voulu changer en celui de *Société royale des Arts*.

Depuis cette époque, 25 années se sont écoulées. Durant cet intervalle, la Société des arts a cultivé toutes les branches des connaissances humaines qui se rattachent à l'économie rurale, au commerce, aux manufactures et aux arts. Fréquemment consultée par le Gouvernement et par les administrations secondaires, ses réponses ont servi de base à la rédaction du tableau statistique de la Sarthe (1) et à différentes circulaires publiées pour éclairer la pratique, souvent aveugle, des cultivateurs.

L'histoire et les antiquités de la province, l'éloge des grands hommes qu'elle a produits, les sciences mathématiques et physiques, la littérature, etc., ont été aussi la matière de ses recherches et de ses méditations. Une heureuse rivalité s'est établie entre les membres résidans et les correspondans. Chacun s'est empressé de payer sa dette. De là, ce grand nombre de mémoires qui nous ont été lus ou adressés.

Ces richesses ne resteront plus ensevelies dans nos archives. Envain, la Société a fait imprimer plusieurs procès-verbaux de ses séances publiques. (2) Ces

---

(1) Imprimé en l'an X. in-8°, le Mans, Monnoyer.

(2) Ces procès-verbaux sont au nombre de cinq, pour les années 9, 10, 11, et de 1806 à 1810, au Mans. Monnoyer. in-8°.

(15)

comptes annuels étaient insuffisans pour donner au public la mesure exacte de nos travaux, et justifier sa confiance. Ainsi, nous aurons le courage de franchir les limites trop étroites qui nous circonscrivaient, d'agrandir la sphère de nos obligations, et, à l'exemple de plusieurs Sociétés Littéraires de la France, nous présenterons à nos concitoyens le précis analytique de nos travaux et de nos recherches.

Le dépouillement des archives présente un total de 400 mémoires, environ, sur toutes les parties des sciences et des arts. Nous avons classé ces matériaux dans l'ordre méthodique suivant :

Sciences mathématiques et physiques;

Sciences morales et économiques;

Littérature et beaux arts.

PREMIÈRE SECTION.

Sciences mathématiques et physiques.

Mathématiques;	Ponts et Chaussées;
Astronomie;	Physique;
Mécanique;	Histoire Naturelle;
Navigation;	Sciences médicales.

DEUXIÈME SECTION.

Sciences morales et économiques.

Morale;	Histoire du Maine;

Biographie des grands hommes de la province ;
Géographie ;
Chronologie ;
Agriculture ;
Bêtes à laine ;
Bois et Forêts ;
Arts économiques ;

Manufactures et Commerce ;
Statistique générale du Département ;
Statistique de Cantons et Communes ;
Statistique de la ville du Mans.

TROISIÈME SECTION.

Littérature et Beaux Arts.

Grammaire ;
Bibliographie ;
Art oratoire ;

Poésie ;
Mélanges.

PREMIÈRE

PREMIÈRE SECTION.

CHAPITRE PREMIER.

MATHÉMATIQUES.

Lᴇs mathématiques, dit le professeur Prudhomme, sont la clef de toutes les sciences : elles donnent à l'esprit humain cette rectitude dans les idées et cette précision de raisonnement qui l'empêchent de s'égarer, en lui apprenant à ne se rendre qu'à l'évidence. Ainsi, le géomètre accoutumé à saisir la vérité et à lier ensemble des principes d'où découlent des conséquences rigoureuses, dédaigne ces productions éphémères dont la littérature est inondée, et ces écrits insignifians réprouvés par le goût ou la morale.

Ce sont les mathématiques qui donnent à l'astronomie des ailes pour s'élever dans les cieux ; à la géographie des points fixes pour la division et la connaissance du globe ; et à la navigation le fil nécessaire pour se diriger sur le vaste océan.

Chez toutes les nations où l'étude des mathématiques sera généralement répandue, on peut assurer qu'il y aura moins de préjugés, de fausses opinions, et que l'imposture aura moins de prise pour égarer les hommes.

Depuis la renaissance des lettres, cette belle science a été cultivée avec succès dans la province du Maine, comme l'attestent les écrits des Peletier, des Rivaut-de-Fleuranges, des Mersenne, des Lami, et de plusieurs savans nos contemporains, que leur modestie m'empêche de nommer.

Théorie des parallèles, par M. Pôté (1).

M. Pôté a démontré rigoureusement le principe des parallèles, fondé sur la perpendicularité de deux droites à une même ligne.

L'exactitude, dit-il, est le caractère distinctif de la géométrie; c'est-elle qui rend cette science si chère aux bons esprits. Cependant les auteurs d'élémens ont sacrifié pendant long-temps la rigueur des preuves à la simplicité. On est revenu à la méthode des anciens; mais personne n'est parvenu encore à démontrer les propriétés des parallèles d'une manière à la fois simple et rigoureuse.

M. Pôté prouve ensuite que la perpendicularité de deux lignes à une troisième, est l'idée première qui nous conduit à la connaissance des lignes qui ne se rencontrent jamais, quelque loin qu'on les prolonge; or les parallèles présentent évidemment ce dernier caractère; donc le principe qui les constitue telles, est basé sur la perpendicularité de deux lignes à une troisième.

---

(1) Le Mans, Fleuriot 1815, in-8°, 2e édition.

Nouveaux rapports du diamètre à la circonférence.

Le même professeur a fait l'analyse d'un mémoire adressé, en 1811, à la Société, par M. Lefaucheux, aveugle depuis vingt ans, contenant de nouveaux rapports du diamètre à la circonférence.

La quadrature du cercle, dit - il, est une des questions qui ont fait le plus de bruit dans le monde; car la nature du cercle établit une telle liaison entre la mesure de son aire et la longueur de sa circonférence, que celle-ci étant connue, celle-là l'est aussi nécessairement. Archimède dirigea ses efforts vers les dimensions de la circonférence, et il trouva, par une méthode aussi savante qu'ingénieuse, que cette circonférence est au diamètre, comme 22 est à 7. Ce rapport est un peu trop fort; cependant il suffit dans les arts, pour les usages les plus ordinaires.

Il faut traverser les ténèbres épaisses des siècles d'ignorance, pour arriver au milieu du quinzième siècle, où fleurirent Purback et Régio-Montanus; ce dernier trouva des limites plus rapprochées que celles d'Archimède. Sur la fin du quinzième siècle, Pierre Metius découvrit le rapport de 355 à 113, le plus exact de ceux qui sont exprimés par trois chiffres : il approche tellement de la vérité, que l'erreur sur toute la circonférence de la terre n'est pas de 40 mètres. Viéte, géomètre français, trouva le rapport de 1 à 3, suivi de 10 décimales; Adrianus-Romanus, celui de 16 chiffres. Ludolp, son contemporain, en trouva 35; ce dernier n'avait découvert son rapport que par des calculs immenses : Snellius, en les abrégeant, montra plus de génie. Le célèbre Huygens, encore jeune, perfectionna le travail de Snellius ; il démontra, entr'autres, que 8 fois le côté du côté du dodécagône circonscrit, moins le rayon, ne diffère pas de la circonférence d'un 4 millième. Grégoire de St-Vincent, Lieutaud, Mersenne et Sarassa parurent ensuite sur la scène, sans faire avancer la science. Toutes ces querelles étaient à peine finies, que Jacques Gregori, géomètre anglais, entreprit de démontrer que ces quadratures étaient impossibles. Wallis, Mylord Broucker, Newton, Leibnitz ont trouvé des séries qui expriment la circonférence du cercle. L'anglais Sharp poussa l'approximation jusqu'à 74 décimales, et Machin jusqu'à 100 : enfin, l'infatigable De Lagni, géomètre français, l'a continuée jusqu'à 127 chiffres. Ce rapport approche tellement de la vérité, qu'en supposant un cercle dont le rayon fût au moins de 4,250,000,000 de diamètre de la terre, on ne se tromperait pas de l'épaisseur d'un cheveu sur cette énorme circonférence : cependant on a prolongé le rapport jusqu'à 150 chiffres. De telles approximations sont équivalentes à la vérité ; il est d'ailleurs démontré aujourd'hui que la circonférence est incommensurable avec le diamètre.

Bien différents des grands géomètres dont nous venons de parler, des hommes qui n'avaient pas la moindre teinture de géométrie, ont cru résoudre la question : les uns ont enveloppé la circonférence d'un fil, ont déployé et partagé ce fil en quatre, et ont construit un carré qu'ils croyaient égal au cercle ; comme si les figures de même contour avaient la même surface ; comme si le cercle n'était pas la plus grande de toutes les figures isopérimètres. D'autres, qui n'ignoraient point la géométrie, n'ont pas été plus heureux; tels que le cardinal Cusa, refuté par Royaumont; Hobbes, qui le fut par Wallis; Joseph Scaliger, par Viéte; le père Clavius, etc.

M. Lefaucheux ne doit point être rangé dans aucune des classes dont nous avons parlé; il se contente de présenter sur la quadrature, un grand nombre de rapports qui approchent plus ou moins de la vérité, et qui ont tous le défaut d'être exprimés par de très-grands nombres. Au reste, on peut déduire des séries connues, ou du calcul de Ludolp, une multitude prodigieuse de ces rapports; ainsi, le mémoire de M. Lefaucheux ne mérite de fixer nos regards, que parce que l'auteur est aveugle, maltraité par la nature et par la fortune; son existence n'a point de jour, ce n'est qu'une nuit éternelle.

La Société des arts, en adoptant le rapport de M. Pôté, partagea ses sentimens de bienfaisance et fit donner des secours à l'aveugle Lefaucheux.

CHAPITRE DEUXIÈME.

ASTRONOMIE.

L'ÉTUDE des astres est, après celle du Suprême Ordon-
nateur des mondes, le plus grand objet dont puisse
s'occuper l'esprit humain. L'ordre admirable et le brillant
des étoiles, qui tapissent la voûte azurée dans une
étendue incommensurable, l'éclat du soleil, les phases
des planètes et de la lune, les apparitions extraordinaires
des comètes, tous ces phénomènes si variés, si sublimes,
que le ciel, comme un tableau mouvant, offre sans
cesse à nos regards, sont l'objet de l'astronomie. Portée
sur les ailes de la géométrie transcendante, cette science
s'élève au plus haut des cieux, pour calculer les distances,
la marche et les retours périodiques de ces millions de
globes qui roulent sur nos têtes, que l'Eternel a lancés
dans l'espace pour éclairer l'univers, et dont les orbites
parcourues suivant des lois dictées par la suprême Sa-
gesse, règlent l'ordre invariable des jours et des saisons.

Théorie des forces centrales, par M. Sorlin (1805).

Dans un Mémoire sur la théorie des forces centrales,
M. Sorlin a proposé une nouvelle équation aux courbes
du 2ᵉ dégré, très-commode pour les usages astronomiques, et déduite d'une construction aussi simple dans

son principe que facile pour l'exécution. L'auteur en fait l'application à l'Astronomie analytique, et après avoir résumé en peu de mots les principes généraux de la mécanique sur les forces accélérées ou retardées, sur l'espace, la vîtesse et le temps, il en conclut que les planètes et les comètes, décrivant une courbe concave vers le soleil :

1° La force qui les sollicite est, dirigée vers le centre même de cet astre.

2° Si l'on suppose que l'orbite qu'elles décrivent soit une courbe du 2e dégré, dont le centre du soleil occupe un des foyers, cette force est réciproque au carré de la distance de ces astres au centre du soleil.

Et si cette force suit la raison inverse du carré des distances, la courbe décrite est du 2e dégré, et le centre du soleil en occupe un des foyers.

3° Enfin, l'identité de cette force est la même pour tous les corps supposés à distance égale du soleil.

Les théorêmes de M. Sorlin se rapprochent beaucoup des quatre règles fameuses de Kepler qui ont servi de base au système de Newton; mais l'auteur a le mérite de les présenter sous un nouveau jour, à l'aide de formules algébriques dont il est l'inventeur.

Observations sur le Calendrier Grégorien, par M. Ledru (1799).

M. Ledru a tracé rapidement l'histoire du Calendrier Grégorien, qui a précédé l'annuaire de la République, et présenté, d'après Lalande et autres Astronomes, le sommaire des calculs qui ont servi de base à l'un et à l'autre.

Le Calendrier, dit-il, est une distribution méthodique du temps, adoptée pour régler tous les usages de la vie civile.

L'Astronomie nous enseigne que le soleil reste fixe au centre de notre système planétaire... que la terre douée d'un double mouvement emploie une année entière, ou 365 jours 6 heures moins 11 minutes, à parcourir les 12 signes du zodiaque, qui forment son orbite; qu'elle tourne en même temps sur son axe en 24 heures, et présente successivement à l'astre lumineux qui nous éclaire, tous les points de sa surface.

La longueur de l'année a suivi, chez les différens peuples, les progrès de leurs lumières.

Les anciens Romains, plus guerriers que savans, composèrent d'abord leur année de 10 mois, dont Mars était le premier. Numa y ajouta les deux qui le précèdent, mais il conserva la méthode vicieuse de régler les jours sur le cours de la lune. On sait que ce satellite se meut autour de notre globe; que, dans ses différentes positions, il reçoit et réfléchit la lumière du soleil; c'est ce qui détermine ses phases : le retour de la même phase se répéte 12 fois dans l'année, et forme 12 lunaisons, dont chacune est de 29 jours, 12 heures, 44 secondes. Ces 12 lunaisons ne font que 354 jours, c'est-à-dire 11 jours de moins que l'année ordinaire. Ce déficit produisit, avec le temps, un tel désordre dans l'ancien calendrier romain, qu'au bout de 7 siècles, les mois d'hiver répondaient à l'automne. Quand Jules-César, aussi éclairé que grand capitaine, se fut rendu maître de la République, il manda, d'Egypte à Rome, les plus célèbres astronomes de ce temps, entr'autres Sosigènes, et entreprit avec eux,

45 ans avant l'ère vulgaire, le débrouillement de ce cahos : il proscrivit l'année lunaire, et supputant tous les jours d'erreur qui avaient eu lieu depuis Numa, il en trouva 90 qu'il intercalla, en une seule fois, entre les mois de novembre et de décembre. Cette année composée de 445 jours fut justement nommée l'an de la confusion.

César, en adoptant l'opinion des Astronomes Egyptiens, fixa l'année solaire à 365 jours 6 heures ; et pour tenir compte de ces 6 heures, qui font un jour en 4 ans, il ordonna que, tous les 4 ans, on intercallerait un jour de plus, après le 6e des Calendes de Mars, qui répondait au 24 février : mais pour ne rien changer au reste du mois, on répétait 2 fois ce 6e jour ; de là, est venu le nom de bissextile donné à chaque 4e année, dans laquelle on ajoute un jour au mois de février.

Jules-César et ses Astronomes s'étaient trompés en donnant à l'année tropiquaire 365 jours 6 heures. Sa durée n'est réellement, d'après les calculs de Newton, Lacaille et Lalande, que de 365 jours, 5 heures, 48 minutes, 49 secondes ; il y avait donc 11 minutes de trop. Rien n'est à négliger dans la mesure du temps : en 1582, ces 11 minutes avaient produit, par leur cumulation, un nouveau dérangement, une augmentation de 10 jours. Grégoire XIII, Souverain Pontife, consulta les Astronomes de ce temps, entr'autres Clavius, et entreprit avec eux la réforme de cette erreur. On était alors au mois d'octobre. Le Pape supprima 10 jours de ce mois, le 5 octobre fut compté pour le 15, et l'équinoxe du printemps, qu'on attendait le 11 mars suivant, tomba juste au 21, d'après cette suppression.

Selon le calcul de César, l'année bissextile revenait tous les 4 ans, et la dernière année de chaque siècle devait l'être : mais les 11 minutes de trop qu'il avait comptées, faisaient un jour au bout de 134 ans, et 3 jours environ, au bout de 400 ans. Pour supprimer ces 3 jours Grégoire XIII ordonna que, sur 4 siècles, la dernière année des 3 premiers ne serait pas bissextile ; que la 100e année du 4e le serait, et ainsi de suite. La dernière année du siècle qui courait alors était 1600 ; elle fut bissextile : 1700, 1800, 1900, ne l'ont pas été ; l'an 2000 le sera. Par ce moyen, on retranche 3 jours en 400 ans, ce qui rétablit l'équilibre entre l'année civile et l'année tropiquaire, et le calendrier grégorien corrige, à très-peu de choses près, l'erreur du calendrier julien, dont il conserve d'ailleurs les autres bissextiles.

. Cette réforme fut généralement adoptée par tous les Etats catholiques. Mais telle est la force des préjugés religieux, que les Anglais, proscrivant toute institution qui émane de Rome, n'ont reçu le calendrier grégorien qu'en 1753, et que les Russes, sectateurs de l'Eglise grecque, se sont opiniatrés, jusqu'à ce jour, à suivre le calendrier de Jules-César : tant la vérité se propage lentement !

En 1792, les Astronomes français pensant que la chronologie et l'histoire, pour qui le temps est un élément nécessaire, demandaient une nouvelle mesure de la durée, plus exacte et calquée invariablement sur la révolution périodique de notre globe autour du soleil, ne conservèrent du calendrier grégorien, que la division de l'année en 365 jours, 6 heures, moins 11 minutes; ils divisèrent l'année par mois de 3o jours; et les mois, par 10, la division décimale étant plus commode pour le calcul, parce que les nombres 10 et 3o sont moins compliqués que ceux de 7, 28, 29, 3o et 31, qui partagent les mois et les semaines de la réforme romaine.

Ce calendrier, quoique plus parfait que celui de l'Eglise romaine, ne pouvait subsister long-temps. Il isolait, pour ainsi dire, une grande nation des autres peuples, en changeant ses habitudes, ses rapports commerciaux, en froissant ses opinions religieuses et introduisant une nouvelle ère dans la chronologie, déjà trop compliquée; il n'a duré que 14 ans.

Sur les taches du Soleil, par M. Sorlin (1806).

L'astre du jour, dont la chaleur et la lumière échauffent, fécondent, vivifient la nature, qui embellit nos campagnes de fleurs et mûrit nos moissons, communique à tous les êtres organisés le mouvement et la vie. Son globe immense, centre et foyer de notre système planétaire, est recouvert d'un océan de matière lumineuse, dont les vives effervescences forment des taches variables, souvent très-nombreuses, et quelquefois plus larges que la terre. Ces taches reconnues un grand nombre de fois ont été observées au Mans, avec beaucoup d'attention et d'exactitude, par M. Sorlin, qui a rédigé sur ce phénomène un mémoire dont nous présenterons l'analyse.

Chargé par la Société d'examiner l'éclipse totale de lune du 11 juillet 1805, M. Sorlin profita de cette circonstance pour observer toutes les planètes qui se trouvaient alors visibles sur notre horizon. Les satellites de Jupiter, leurs éclipses, l'anneau de Saturne ni aucun des autres phénomènes célestes, que la saison pouvait offrir, ne furent oubliés ; son attention se dirigea particulièrement vers les taches du soleil, qui se succédaient avec une multiplicité extraordinaire. Les feuilles 59, 60, 61 et 68 des affiches du Mans contiennent ses principales observations héliaques.

Les taches du soleil ont été découvertes, pour la première fois, en 1610, par le P. Scheiner, professeur de mathématiques à Ingolstadt. L'année suivante, Galilée étant à Rome occupé à faire des observations astronomiques dans les jardins du palais Quirinal, apperçut le même phénomène ; la crainte du tribunal de l'inquisition, ennemi des nouveautés philosophiques, l'empêcha de publier ces vérités : ce ne fut qu'en 1612 qu'il osa les proclamer.

« Ces taches, dit-il, ne sont point permanentes : elles » se condensent, se divisent, s'augmentent et se dis- » sipent. » Il les compare à des fumées ou à des nuages ; il y en a tantôt beaucoup, tantôt point du tout.

Il pense qu'elles sont à la surface du soleil, sans avoir de hauteur sensible ; qu'elles décrivent toutes des cercles parallèles entr'eux, quoiqu'il y en ait quelquefois une trentaine dans le même temps ; que le soleil, en tournant chaque mois, les ramène à notre vue ; qu'il y en a qui durent un ou deux jours ; d'autres, trente ou quarante et plus ; qu'elles se rétrécissent et se rapprochent sur les bords du soleil, sans changer de distance ou de longueur, du nord au

sud, et que ce rétrécissement est celui des différentes parties
d'un globe vu de loin. Galilée parle ensuite des pôles de
la rotation du soleil : il dit que les taches ne s'écartent
pas de plus de 30 dégrés de l'équateur de cet astre ; ce qui
a été confirmé par des observations postérieures. Il ajoute
que les plus belles de ces taches se voient sans instrumens,
en faisant entrer, par un petit trou, l'image du soleil
dans une chambre obscure.

Les taches, dit ensuite M. Sorlin, sont des parties
noires, irrégulières et environnées d'une espèce d'atmosphère, que l'on apperçoit de temps en temps sur le
disque du soleil, qui paraissent tourner uniformément
en 27 jours, 7 heures, 37 minutes, et tournent réellement en 25 jours, 10 heures, comme le soleil.

Les facules, *Faculæ*, *Luculi*, dont parlent souvent
Scheiner et Hévélius, sont des endroits plus clairs que
Galilée avait déjà remarqués ; ce sont des parties qui
semblent un peu plus lumineuses que le reste du disque
solaire, mais que l'on a de la peine à distinguer. Il semblerait, dit Cassini, que le soleil y est plus épuré
qu'ailleurs. Lahire les appelle taches lumineuses, et
Messier, nuages de lumière. Elles environnent chaque
amas de taches. Ces facules sont des traits de lumière
claire, inégalement dirigés, se croisant quelquefois,
laissant entre eux la lumière du soleil, comme elle paraît
hors de ces nuages : elles ont quelquefois à peu près la
même forme des taches de la lune appellées *Copernic* et
Képler; elles ne restent visibles sur le disque du soleil,
que trois jours environ, à compter de leur entrée, dispa-
raissent ensuite, pour ne reparaître que le même espace

de temps, avant d'en sortir. C'est dans ces amas de lumière que se trouvent ordinairement les taches.

Les ombres ou nuages sont une atmosphère blanchâtre qui environne toujours les grandes taches. Quelquefois aussi, ces ombres se trouvent toutes seules et donnent ensuite naissance à des taches; elles ont souvent une très-grande étendue : Hévélius a vu, le 20 juillet 1643, une traînée d'ombres et de facules, qui occupait près du tiers du diamètre solaire.

Il résulte de toutes ces observations que les taches du soleil sont très-variables. On en a vu changer de forme, croître, diminuer, se convertir en ombre et disparaître totalement.

Il y en a qui, après avoir disparu long-temps, reparaissent au même endroit; il semble même qu'il y a des endroits déterminés pour la formation des taches du soleil, et cette opinion paraît prouvée par les grosses taches visibles sans lunette, en 1752, 1764, 1776 et 1778, qui paraissent avoir été au même point physique du disque solaire, ainsi que l'on peut s'en assurer par les observations et les calculs insérés dans les mémoires de l'Académie, pour les années 1776 et 1778.

Les apparitions des taches du soleil n'ont rien de régulier. Cet astre reste quelquefois des années entières immaculé; d'autres fois le nombre de ses taches est très-grand, Scheiner en a compté jusqu'à 5o, et le 11 juillet 1805, le nombre de celles que j'observai était encore plus considérable.

C'est vers le milieu de septembre 1763, que Lalande apperçut la plus grosse et la plus noire; elle avait au moins une minute de longueur, en sorte qu'elle devait être quatre fois plus large que la terre entière. Celle que j'observai, le 1er fructidor an 13, formée de la réunion de dix autres, me parut avoir une minute et demie de diamètre, lequel évalué en lieues moyennes, produit une largeur d'à peu près 20,000 lieues.

En affirmant que ces taches sont essentiellement adhérentes au globe solaire, je crois devoir me dispenser de rapporter les diverses opinions des Savans à ce sujet; quoique plusieurs de ces systêmes soient ingénieux, ils laissent cependant quelques doutes. Peut-être nos descendans en sauront-ils plus que nous; espérons que l'émulation s'accroîtra et que les secours se multiplieront en faveur d'une science qui exige de si longs et de si pénibles travaux. Nous pouvons dire actuellement ce que disait Sénèque des découvertes des anciens : *Multùm egerunt qui ante nos fuerunt, sed non peregerunt... Multùm adhuc restat operis, multùmque restabit; nec ulli nato post mille sæcula, præcludetur occasio aliquid adhuc adjiciendi* (Seneca, Epistola 64). [1].

----

[1] Les taches du soleil, dit Pictet (Bibliothèque univ. juillet 1816), ne paraissent pas avoir d'influence sensible sur la température des saisons correspondantes : on a eu des étés très-chauds, pendant lesquels le soleil avait beaucoup de taches, et des hivers très-froids, dans lesquels on n'en apercevait aucune : ainsi, en 1779 et 1795, on reconnut des taches qui avaient de six à douze mille lieues de diamètre (celui de la terre n'en a que 2,860). On en vit une, en 1791, dont la surface était 21 fois plus grande que celle de la terre; on en a vu même jusqu'à 50 à la fois, grandes ou petites. L'année 1783 fut

Le même auteur, M. Sorlin, a publié, par l'ordre exprès du Bureau des longitudes, divers mémoires de Mathématiques et d'Astronomie transcendantes.

1.° Une table générale dès parallaxes de la lune.

2.° Une autre (sous le nom du jeune Chabrol) contenant les longitudes, latitudes et angles de position des 600 principales étoiles visibles sur l'horizon de Paris.

3.° Les résultats d'un nombre considérable d'occultations d'étoiles par la lune, observées par les meilleurs Astronomes de l'Europe.

Ces pièces sont imprimées dans les volumes de la *Connaissance des temps*, pour les années 11, 12 et 13.

---

remarquable par sa fertilité et par les taches qu'on apperçut au disque du soleil. Elle se distingua aussi par le brouillard sec qui régna sur toute l'Europe, et qui suivit de près le tremblement de terre dont la Calabre fut le principal foyer. Ainsi on n'a pas reconnu que les années remarquables par les taches visibles du soleil, fussent plus froides et moins fertiles que les autres (*Note du Rédacteur*).

CHAPITRE

CHAPITRE TROISIÈME.

MÉCANIQUE.

Si l'homme, par son génie, s'élève au. plus haut des cieux, ses besoins le ramènent bientôt vers la terre, où la faiblesse et l'insuffisance de ses organes l'obligent d'appeler les arts à son secours.

Aidé de la Mécanique, il invente, il construit des machines, des instrumens ingénieux qui centuplent ses forces, et lui donnent, pour ainsi dire, de nouveaux bras, en faisant servir l'eau, l'air, le feu, tous les agens de la nature, à soulever des fardeaux énormes, vaincre les plus fortes résistances, percer des rochers, tailler la pierre, et dresser sur leurs bases ces monumens superbes dont s'enorgueillit l'Architecture. Sans la Mécanique, nous n'aurions ni cités, ni vaisseaux, ni constructions hydrauliques ; la Société doit à cette science les progrès qu'elle a fait dans la civilisation.

De la force des Modèles comparée à celle des Machines en grand, par M. Chaubry (1800).

Lorsqu'un Artiste se propose d'exécuter une machine, il en fait un modèle pour constater, par analogie, la force dont est capable la machine projetée, et le poids qu'elle pourra soutenir. M. Chaubry prouve que cette

conséquence est fausse : il démontre que les modèles
sont toujours plus forts, proportion gardée, que les
machines en grand, de sorte que si l'on chargeait ceux-
là de tout ce qu'ils pourraient porter, celles-ci se bri-
seraient avant d'avoir reçu la charge que semble donner
la proportion. La différence est d'autant plus grande
que l'échelle du modèle est plus petite, ensorte que si
le modèle était moitié de la machine, celle-ci serait
moitié moins forte; s'il était 10 fois, 100 fois plus petit
que la machine, celle-ci serait 10 fois, 100 fois moins
forte.

Pour démontrer cette proposition, M. Chaubry suppose un levier d'un pouce carré sur un pied de longueur,
chargé d'un cube de pierre ou de fer d'un pouce carré.
Pour déterminer la résistance dont ce levier est susceptible, et le poids du cube qu'il peut porter, il emploie
le terme 525, comme étant le plus en usage dans le
calcul sur la force des bois; ce qui lui donne 1, élevé à
son cube $= 1 \times 525 = 525$; divisé par 1 pied, longueur
supposée du lévier, donne 525 pour sa résistance et le
poids qu'il peut soutenir.

Supposons maintenant que la machine soit double du
modèle, le levier aura deux pouces d'équarrissage, deux
de longueur, et le cube dont il est chargé, 2 pouces
carrés. Ce cube pésera 8 fois autant que celui du modèle;
le lévier construit sur les mêmes proportions semblerait
donc devoir être 8 fois plus fort que celui du modèle, et
porter $525 \times 8 = 4200$.

Pour calculer la résistance dont il est susceptible,
l'auteur emploie la formule suivante : 2 pouces élevés à

leur cube = 8, X 525 = 4200; mais ensuite divisés par 2, longueur du levier, ils ne donneront que 2100 pour la véritable résistance dont il est capable, c'est-à-dire, la moitié des 4200 que donnait la première proportion du modèle à la machine.

Il est évident qu'on obtiendrait les mêmes résultats, mais toujours en raison inverse, si on construisait une machine 10 fois ou 100 fois plus grande que le modèle. Supposons la machine 10 fois plus grande, le levier aura 10 pouces d'équarrissage, 10 pieds de longueur, et le cube dont il est chargé aura 10 pouces en carré.

Ce cube pésera 1000 fois autant que celui du modèle; ainsi le levier semblerait devoir porter 525 X 1000 = 525000.

Pour trouver sa résistance, nous dirons : 10 pouces élevés au cube donnent 1000 X 525 = 525000, divisés par 10 pieds, longueur du levier, donnent 52500, pour la véritable résistance dont le levier est capable, ce qui ne fait que le dixième des 525000 que donnait la proportion entre le modèle et la machine.

On obtiendrait les mêmes résultats si on supposait que le modèle ne fut que le centième, le millième de la machine.

Il en résulte qu'un modèle de pont, par exemple, qui paraîtrait très-fort et qui, outre sa charpente, supporterait encore un assez grand poids, pourrait bien cependant n'être pas exécutable en grand, et tomber par sa propre masse, qui ferait l'effet du cube dont nous avons chargé nos leviers.

Il s'en suit que le meilleur des ponts en bois n'aurait

besoin, pour tomber, que d'être exécuté plus en grand, et qu'on pourrait, par le calcul, dire d'un pont pris au hasard, s'il était exécuté sur une échelle double, quadruple, décuple, etc. , qu'il s'écroûlerait sous son propre poids dans un instant donné.

Rapport sur le moulin à bras de M. Clein, charpentier, par M. Ledru (1806).

Les moulins à bras destinés à remplacer ceux qui tirent leur principale force de l'eau ou du vent, ne sont point une invention nouvelle, les anciens en ont fait usage : parmi les modernes, on connaît spécialement ceux qui portent le nom de leurs auteurs, MM. Durand, père et fils. Les moulins de ces artistes ont été approuvés par l'Académie des Sciences, en 1778, et par la Société d'Agriculture, en 1790. Leur usage est répandu dans plusieurs départemens : il n'est pas inconnu dans celui de la Sarthe; nos armées s'en sont servi avec le plus grand succès.

Dans la machine dont j'exquisse la description, les axes sont en fer, le centre, les rayons et la circonférence des roues en ormeau, les dents et les fuseaux en cormier.

Un axe horizontal de 4 pieds, terminé par deux manivelles longues de 15 pouces, et dont le mouvement est accéléré par 6 rayons de 3 pieds, traverse un pignon de 4 pouces de rayon et à 6 fuseaux, qui engrène avec une roue dentée de 7 pieds de diamètre, garnie sur sa circonférence de 88 dents.

Cette roue est en contact avec un second pignon de 9

pouces de rayon et à 16 fuseaux, dont l'axe prolongé traverse une autre lanterne de 13 pouces et à 26 fuseaux, qui engrène avec un rouet de 4 pieds de diamètre. Ce rouet est garni, à sa circonférence, de 46 alluchons qui communiquent le mouvement à un tambour perpendiculaire de 5 pouces de rayon et à 7 fuseaux. Le tambour est traversé par un axe, aussi perpendiculaire, de 3 pieds de longueur, qui soutient deux meules en pierre de Chatellerault, disposées comme le sont celles des moulins ordinaires à blé. Ces meules ont un pied d'épaisseur sur 2 pieds 10 pouces de diamètre, et pèsent chacune environ 900 livres.

La trémie, l'auget et l'anche sont disposés comme dans les moulins ordinaires.

La chaise [pièce horizontale sur laquelle s'appuie l'axe du pignon perpendiculaire] se lève ou s'abaisse à volonté, à l'aide d'une bascule : à ce moyen, on augmente ou l'on diminue la pression des deux meules, pour varier la qualité des farines.

On peut aussi, à l'aide d'un treuil léger qui s'adapte aux côtés de la trémie, soulever la meule supérieure et la placer sur le côté, pour faire aux surfaces frottantes, les réparations nécessaires.

Toute la machine est renfermée dans un châssis en charpente de 5 pieds carrés, sur 6 de hauteur.

On sait, que dans un système de plusieurs roues dentées qui engrènent avec leurs pignons, la résistance agit par les rayons des pignons, et la puissance par ceux des roues. Ainsi, la puissance est à la résistance, comme le produit des rayons des pignons est au produit des rayons des roues : c'est-à-dire, en raison inverse de la longueur des bras du levier.

On obtient ces produits en multipliant séparément, les uns par les autres, les rayons des roues et les rayons des pignons.

Appliquons ces principes au moulin du sieur Clein, pour déterminer le rapport de la résistance à vaincre, avec la puissance ou force à employer.

Trois pignons ayant 4, 9 et 5 pouces de rayon, multipliés l'un par l'autre, égalent 180 pouces, levier de la résistance.

Une manivelle et 2 roues ayant 15, 43 et 24 pouces de rayon, multipliés les uns par les autres, égalent 15,480 pouces, levier de la puissance.

Ainsi, dans le moulin du sieur Clein, la puissance est à la résistance :: 180 : 15,480 :: 1 : 86. Or, en n'évaluant qu'à 50 la force de l'homme qui tient la manivelle, on voit qu'un ouvrier peut, avec ce moulin, vaincre une résistance de 4,300 livres.

En effet, un homme seul met, avec facilité, la machine en mouvement : deux hommes qui se succèdent alternativement, pour éviter une fatigue trop continue, peuvent travailler 12 heures de suite, et moudre, par jour, 25 boisseaux de grain, ou 750 livres de farine, qui donneront 1000 livres de pain pour un jour.

Ce produit est égal et même supérieur à celui que fournit un grand nombre de nos moulins à eau, placés sur les petites rivières. Nos farines ordinaires donnent en pain 1/3 en sus de leur poids, c'est-à-dire 12 pour 9. La farine obtenue par le moulin du sieur Clein donne 13 pour 9. Ce moulin, d'un transport aisé, et peu coûteux en réparations, fournit donc au moins autant de farine que les moulins ordinaires.

La facilité de cette mouture offre une grande économie de temps et d'argent, aux communes privées d'eau et aux ateliers de charité : chacun pourrait y porter son grain, le moudre lui même à un prix modéré, et s'affranchir ainsi du tribut, souvent véxatoire, payé aux meûniers.

Depuis long-temps, les besoins de la navigation intérieure et ceux des prairies basses trop souvent submergées, réclament la suppression des moulins à eau qui obstruent nos rivières, et entravent leur exploitation, au détriment de l'agriculture.

Le travail des moulins à eau est d'ailleurs fréquemment interrompu par les sécheresses, les inondations, les neiges ou les glaces; celui des moulins à vent, par les ouragans et les tempêtes : les uns et les autres exigent une construction dispendieuse et un entretien coûteux.

Leur mouvement accéléré ou ralenti, suivant l'intensité de la force qui leur est appliquée, n'a point cette action uniforme, d'où dépend la bonne qualité des farines.

D'après ces considérations, nous pensons que le moulin du sieur Clein l'emporte sur la plupart de ceux qui ont été inventés jusqu'à ce jour, pour remplacer les moulins à eau et à vent, et que la Société des Arts doit donner des gages de son estime à l'inventeur de cette ingénieuse machine, en le recommandant spécialement à la bienveillance du premier Magistrat de notre département.

Rapport sur la machine hydraulique de M. Chauvin, par M. Daudin (1811).

Le sieur Chauvin, inspecteur des fontaines de la ville du Mans, a soumis à l'examen de la Société une machine hydraulique de son invention.

Cette machine, dit le rapporteur, est nouvelle; son mécanisme, quoique très-connu, est ingénieux et simple. C'est une pompe, à la fois aspirante et foulante, que deux roues à aubes, taillées en cuiller, mettent en jeu, au moyen d'un essieu coudé. Cet essieu embrasse la tête d'un piston dont la tige, excédant de 4 pouces le sommet du corps de pompe, est coupé dans la moitié de sa hauteur, pour recevoir une charnière à genou mobile, qui, laissant libre le mouvement de va et vient, rend le piston toujours vertical, sans lui faire éprouver de mouvement extraordinaire contre les parois du cylindre.

L'expérience de cette machine eut lieu sur le ruisseau du Gué-Perré, au-dessous du pont d'Yvré, le premier décembre 1810, en présence de MM. Auvray, Chesneau-Desportes et Daudin.

Au sommet de l'un des arbres le plus voisin, était attaché un cylindre de fer blanc évacuant, à 70 pieds de hauteur, autant d'eau que le diamètre de son orifice de 9 lignes pouvait le permettre. Ce cylindre à sa base faisait partie d'une caisse de 5 pieds de longueur, sur 2 pieds 6 pouces de largeur, tellement submergée dans l'eau du

petit canal, que nous pouvions à peine distinguer la surface de la caisse.

Nul moteur extérieur ne s'offrant à nos yeux, l'effet
seul, quoique très-visible devenait insuffisant pour dresser
un rapport sur les moyens d'exécution ; j'engageai l'auteur à faire transporter chez moi le corps entier de sa
machine pour l'examiner, et décrire exactement toutes
les pièces qui la composaient.

Il y a quatre ans, le sieur Chauvin fit publiquement,
sur la rivière de Sarthe, l'expérience d'une machine à
peu près semblable à celle-là.

Elle était placée dans un bateau : deux roues à aubes
horizontales, appliquées en dehors sur les flancs, en
étaient les moteurs. L'essieu coudé faisait mouvoir un
piston à tige droite, qui occasionnait un frottement sonore
le long du corps de la pompe ; malgré ce vice de construction, l'eau montait à 85 pieds de hauteur.

J'indiquai alors au sieur Chauvin les corrections dont
sa machine était susceptible.

A l'avantage d'être peu dispendieuse, elle joint la facilité de pouvoir être placée dans une grande, comme dans
une petite quantité d'eau courante, dont il est aisé
d'augmenter le volume par une retenue. Les moyens que
l'on a de la réparer, la célérité de son mouvement, la
certitude de se procurer, par heure, un muid ou deux
d'eau avec un orifice de 9 lignes de diamètre, quantité
qu'on peut facilement décupler par des dimensions plus
grandes ; le moyen de pouvoir placer dans la même caisse
un seul ou deux corps de pompe, sur la même ligne,
en donnant plus d'étendue à la manivelle, et la coudant

dans le sens inverse; sont autant de faits qu'il serait possible d'appliquer heureusement à l'agriculture et aux arts, à la salubrité des villes, comme aux secours à donner en cas d'incendie.

Nota. Nous analyserons, au chapître des Arts économiques (2° section), 1.° Le mémoire de M. le Chevalier Menjot-d'Elbenne, sur une nouvelle fabrication de tuiles en grèz ;

2.° Celui du même auteur, sur les constructions rurales, ou supplément à l'art du charpentier (Paris 1808, 61 pages in-8°, avec cartes et tableau) ;

3.° L'exposé descriptif d'une machine ou moulin à broyer les mortiers et les cimens, avec une gravure infolio, 2° édition, par M. Daudin. Le Mans, Fleuriot 1809, in-4°, 20 pages :

4.° La description d'un moulin propre à dégager la graine de trèfle de son enveloppe, inventé en 1813, par le sieur Loiseau, habitant de St.-Mars-d'Outillé, et perfectionné, depuis, par la Société des Arts du Mans.

CHAPITRE QUATRIÈME.

NAVIGATION.

Nous avons classé dans un ordre méthodique, et pour ainsi dire, fondu ensemble, les matériaux suivans mis à notre disposition.

1.º Notice historique des différens travaux exécutés dans la province du Maine, depuis environ 300 ans, pour rendre la Sarthe navigable, par M. Ledru, redigée sur des matériaux fournis par MM. Chaubry, Chesneau-Desportes, Veron- de-Forbonnais, et de Vauguyon du Gros Chesnay, 1799.

2.º Exposé des avantages que la navigation procurerait au département de la Sarthe, par M. Berard aîné, 1800.

3.º Mémoire sur la navigation des rivières de Sarthe, Huisne et Loir, par M. Chaubry, avec cartes et tableaux, 1801.

4.º Deux mémoires, sur la rivière du Loir, pour la partie comprise dans le département de la Sarthe, considérée sous le rapport de la navigation, des inondations, du travail des moulins, et des moyens les plus convenables pour enlever les attérissemens, par M. Cherrier, 1801 et 1807.

5.º Note indicative des travaux ordonnés ou adjugés pour le retablissement de la navigation, sur la basse Sarthe, par le même, 1819.

6.º Autre; sur les petites rivières et ruisseaux qui arrosent le territoire de la Sarthe, par M. Deshourmeaux, 1819.

7.º Notes sur le flottage de la Braye, arrondissement de St.-Calais, jusqu'à son embouchure dans le Loir, par MM. de Musset et Cauvin, 1819.

L'importance des communications par eau, et leur grand avantage sur celles de terre, ne peuvent être contestés. On sait, par des calculs exacts, que le rapport des frais de transport entre ces deux moyens de communication, est d'un à 50, à 100, et même à 150, suivant les circonstances, la nature des routes et des canaux.

En diminuant ces frais, on tire des pays éloignés les matières les plus lourdes, les plus encombrantes, tels que fourrages, engrais, pierres, bois, charbons, et autres objets, qui souvent et faute de débouchés, sont à vil prix dans le lieu qui les produit, tandis qu'elles manquent ailleurs.

La Chine, l'Angleterre, le Milanais, la Hollande, le Languedoc, le Brabant doivent aux fleuves et aux canaux qui les arrosent, leur population nombreuse, leur agriculture, leur commerce florissant.

Ainsi, chez tous les peuples civilisés, la navigation fluviale a été considérée comme un des plus puissans moyens d'accroître les richesses et l'industrie.

Notre département est arrosé par trois rivières principales, la Sarthe, le Loir et l'Huisne, sans y comprendre une centaine de petites rivières et ruisseaux qui le fertilisent dans toutes les directions.

Ces trois rivières doivent entrer dans le système général de la navigation intérieure de la France.

La quantité des eaux qu'elles roulent, leur position topographique, la facilité de perfectionner, en *aval,* leur communication jusqu'à l'océan, et de les réunir, en *amont,* avec les principales rivières qui les avoisinent ; tout prouve qu'elles font partie intégrante du système général de la navigation intérieure.

En effet, la Sarthe peut communiquer avec l'Orne qui se jette dans la Manche, près Caen ; avec la Rille qui verse ses eaux vers l'embouchure de la Seine, près Quillebeuf ; avec l'Eure et l'Iton, qui débouquent dans le même fleuve, au Pont-de-l'Arche.

Notre département, situé entre Paris et Nantes ; Rouen et Tours, etc., est le centre d'un roulage considérable, pour les vins, huiles, épiceries, cotons, toiles et fers qui circulent dans l'intérieur. Combien la navigation des trois rivières qui l'arrosent n'activerait-elle pas son commerce et celui des départemens limitrophes ?

Cette navigation ferait fleurir toutes les communes qui sont sur les rivières. Par elle, les habitans des villes auraient leurs provisions à bon marché ; par elle, les terres incultes, les bois éloignés qui, faute de débouchés, perdent leur prix, augmenteraient de valeur ; tout se nivelerait, et tout s'enrichirait par la concurrence et la facilité des transports.

L'industrie descendrait à tous les petits détails ; les villes s'embelliraient ; le commerce et l'agriculture porteraient l'aisance dans toutes les classes, et tout se ressentirait de leur benigne influence.

La ville du Mans, située presqu'au confluent de deux rivières, qui communiquent avec deux fertiles provinces, la Normandie et la Beauce, peut devenir un entrepôt important et une ville de grand commerce; elle y est appellée par sa position.

Voici le tableau de ses importations, dont elle réexporte une partie par terre, en attendant qu'elle puisse le faire par eau.

Les sels, les tabacs, résines, épiceries, les morues et autres poissons salés, les huiles de poisson, les vins d'Anjou et de Bordeaux, les eaux-de-vie de Saintonge, les ardoises d'Angers, les tuffaux de Saumur, les fers du Berry et ceux de l'étranger, les bouteilles du Nivernois, l'acier de la Charité, et les charbons de terre d'Ingrande.

Les exportations du département consistent en étamines, cuirs, toiles, bougies, grains, foins, chanvres, bois de construction et de chauffage, merrains, fers du pays, cidres, graines de trèfle, huiles de chenevis, savons noirs, etc.

Productions des rives de la Sarthe.

Sáblé et Asnières fournissent du marbre; Malicorne et Ligron ont des fabriques de grosse poterie. Il y a, près les bords de la Sarthe, des bois qui peuvent remonter ou descendre. Ballon, Beaumont, Fresnay ont beaucoup de grains, de fourrages, de bois et de charbons.

Il existe à Antoigny une forge; à Maresché, des tuileries; près Fresnay, des marbres et une forge.

La forêt de Perseigne, presque baignée par la Sarthe, donnerait des bois de construction ; Alençon fournirait de bon cidre.

« Les grandes routes, écrivait M. C***, absorbent une quantité effrayante de pierres et de cailloutis. Ces matières diminuent chaque jour, et déjà il faut aller les chercher assez loin : encore quelques années, et la distance en aura doublé le prix. Les frais de l'entretien des grandes routes, croissant progressivement, arriveront à un terme qui forcera le gouvernement à en abandonner plusieurs, et à réduire sur les autres la charge des voitures.

« Il est infiniment sage de s'occuper, dès ce moment, d'établir entre les principales villes du royaume de nouvelles communications qui puissent remplacer les grandes routes et dont les frais d'entretien soient modérés. Les canaux de navigation offrent au commerce les moyens les plus faciles et les plus économiques pour le transport des marchandises. Le gouvernement doit donc s'appliquer à finir les canaux commencés, et à en établir successivement de nouveaux.

« Un des plus importans serait celui qui ferait communiquer l'Océan avec la Manche, par la Loire, la Sarthe et l'Orne.

« Le chef-lieu du département de la Sarthe est particulièrement intéressé à la navigation inférieure et supérieure de cette rivière. La pierre à bâtir devient rare dans ses environs ; il tire de Bernay, de Mamers, points éloignés, ses pierres de taille ; des rochers de marbre s'élèvent à Sablé et à Fresnay ; des carrières

de granite sont ouvertes aux environs d'Alençon.
Celles de Villaine-la-Carelle fournissent de très-gros
blocs calcaires. Le Mans aurait alors la facilité de
faire venir, à peu de frais, les matériaux dont il
aurait besoin pour bâtir ; il pourrait également s'appro-
visionner de bois dans la forêt de Perseigne ; une partie
du sol de cette forêt est schisteuse. M. de la Forbonnais
nous apprend qu'on y avait ouvert autrefois des carrières
d'ardoise que les régisseurs de ce domaine fermèrent,
dans la crainte de voir diminuer le prix du bardeau. Il serait
possible de vérifier si ce schiste est propre à l'ardoise, et
de l'exploiter pour les régions limitrophes. »

NAVIGATION DE LA SARTHE.

Cette rivière prend sa source dans le département de
l'Orne, à Some Sarthe, près la ci-devant abbaye de la
Trappe, entre Soligny et St.-Etienne : elle passe par
les villes du Mesle, Alençon, Fresnay, Beaumont, le
Mans, la Suze, Malicorne, Sablé, et se jette dans le
Loir, au village de Briolay, au-dessus d'Angers, après
un cours d'environ 60 myriamètres.

Ces deux rivières réunies se joignent ensuite à celle
de la Mayenne, un peu au-dessus d'Angers : après avoir
traversé cette ville, sous le nom de la Maine, elles
débouquent dans la Loire, un myriamètre plus loin, à
l'endroit nommé la Pointe, au-dessous des ponts de Cé.

La Sarthe est navigable depuis Malicorne jusqu'à son
embouchure dans le Loir ; c'est-à-dire, de Malicorne à
Angers, à Nantes et à la mer ; elle l'était au 14e siècle

jusqu'au

jusqu'au Mans ; mais le temps qui détruit tout ce qui n'est pas entretenu, a rendu cette navigation difficile, de Malicorne à Arnage, et surtout d'Arnage au Mans.

Depuis environ 300 ans que la navigation du Mans à Malicorne est interrompue, on n'a pas cessé de faire des vœux, des mémoires et des projets pour son rétablissement, mais toujours sans terminer l'ouvrage.

Différentes ordonnances de Philippe de Valois, depuis 1328 jusqu'en 1350, *établissant des droits de péage et d'entrée, tant par terre que par eau, en charette ou en chalon,* constatent que la navigation était en pleine vigueur, à cette époque, *du Mans à l'embouchure* (1).

Le 27 mai 1549, d'après une ordonnance du lieutenant-général de la Sénéchaussée du Maine, en exécution des lettres patentes de François Ier, publiées le 1er mai 1547, il fut dressé un procès-verbal d'expertise par des ouvriers nautonniers, maçons, qui constatait l'état estimatif des réparations à faire sur la Sarthe, du Mans à Malicorne. Ces réparations adjugées, au rabais, le 16 juillet suivant, pour la somme de 14,800 fr., devant le Sénéchal, à Jean Lami, furent effectuées et reçues, le 12 octobre 1551. Le proclamat fixait un droit de péage, et chargeait l'adjudicataire de rendre la rivière assez

---

(1) Le 4 mars 1540, le Procureur de ville, M. Dagues, réunit le conseil-général, qui délibéra sur les moyens de rendre la Sarthe navigable. Le Chapitre du Mans, auquel on avait communiqué l'ordonnance de convocation, délégua trois chanoines, pour assister à l'assemblée. [*Extrait des registres du Chapitre.*]

navigable, du Mans à Malicorne, pour qu'elle pût y porter des bateaux de 100 à 200 pipes de vin.

Sous la guerre de la Ligue, on négligea l'entretien de la rivière; les écluses, les portes mariniéres dépérirent; les chaussées, les pieux furent renversés : elle s'encombra de nouveau, et la navigation, depuis cette époque, a été interrompue, entre Malicorne et le chef-lieu.

A la paix, les administrateurs du Mans s'occupèrent de cette entreprise. Sur leur requête, intervint arrêt du Conseil, le 31 mai 1611, qui ordonna une information *de commodo et incommodo.* Elle eût lieu à Tours, en présence du sieur de la Rivière, trésorier de France, et du grand maître des Eaux et Forêts.

Ceux-ci vinrent au Mans, le 23 juin suivant, assemblèrent les notables, pour avoir leur avis, tant sur l'utilité du projet, que sur les offres faites par David, d'Orléans, qui proposait de rétablir la navigation telle qu'elle était anciennement, depuis Malicorne jusqu'au Mans, et depuis le Mans jusqu'à Fresnay, moyennant un droit de péage qu'il percevrait sur les marchandises et denrées transportées, par eau, du Mans à Angers.

Mais l'intérêt particulier des Seigneurs et de quelques propriétaires riverains contraria invinciblement David, qui céda son adjudication à François Aubert, bourgeois du Mans, le 29 avril 1627. Celui-ci, après avoir commencé l'exécution de son traité, et dépensé environ 12,000 fr., fut forcé de l'abandonner, par les obstacles multipliés qu'il éprouva de la part du baron de Noyen et autres propriétaires, qui réclamaient des droits de péage, en raison des moulins qu'ils possédaient sur la rivière.

'Aubert découragé, céda son traité moyennant indem-
nité.

La commune du Mans, chargée de cette entreprise,
fit vérifier, par des ingénieurs, les plans et devis d'Aubert ; mais elle échoua de nouveau contre les misérables
tracasseries que lui suscitèrent les Seigneurs et même les
administrations (1).

La famine qui affligea le Maine en 1739, par suite
de la mauvaise récolte, fit renouveler avec la plus vive
ardeur, le désir du rétablissement de cette navigation.
Les pluies continuelles avaient tellement rendu impraticable la route de Malicorne au Mans, que les frais de
transport étaient énormes ; une compagnie se forma en
1741 : son projet fut accepté par le ministre, mais les
conditions en fureut rejetées.

En 1744, de Lucé, intendant de Tours, se fit rendre

----

(1) En 1627, les gens du Roi représentèrent au bureau [assemblée
des membres de l'hôtel de ville], que la navigation de la Sarthe était
contraire au bien de la ville, parce que l'arrêt donné en faveur des
adjudicataires, portait que les marchandises qui passeraient en bateau,
seraient franches de péage ; ce qui devait diminuer le droit de pavage,
[taxe pour l'entretien du pavé], qui se percevait sur le vin (16°
registre de l'hôtel de ville du Mans).

Cette opération fut reprise, en 1633, et discutée entre les adjudicataires et les échevins, pour balancer les conditions du marché,
et garantir la sûreté des droits de la ville (18° *registre id.*).

En 1680, MM. de Boisgui et Léballeur furent nommés députés,
pour se transporter à Malicorne, et dresser les plans et devis, afin
de rendre la Sarthe navigable. M. de Lavardin seconda de tout son
crédit, cette importante opération (18° *registre id.*).

compte des obstacles qui avaient jusqu'alors retardé l'exécution de cet utile travail : déjà il avait commencé, à ses frais, la levée du plan de la Sarthe, depuis Malicorne jusqu'au Mans, et reçu les offres du sieur Hane, soumissionnaire, lors que ce magistrat citoyen fut appellé à l'intendance de Valenciennes.

En 1751 , Magnanville, son successeur, continua cette opération, lors de la famine qui désolait la province. Le Mans avait fait acheter des blés à Nantes; ils étaient arrivés à Malicorne et croupissaient dans des bateaux, exposés aux injures de l'air, sans moyens de les faire parvenir, par terre, au Mans. C'est alors que cinq à six habitans de Malicorne, secondés par le zèle et le courage de M. Veron-du-Verger, entreprirent le transport de ces bateaux qui, à la faveur d'une crue de la rivière, arrivèrent heureusement aux Bouches-d'Huisne, malgré des dangers multipliés (1).

----

(1) « En 1751 , dit M. de Forbonnais, le Maine fut affligé d'une famine considérable : les citoyens du Mans se réunirent pour former un capital de 200,000 fr., afin de tirer des grains de l'étranger, et mon père avait été chargé des principaux détails. Les grains arrivèrent, par eau, à Malicorne ; mais l'intempérie de la saison était telle, que les chemins étaient impraticables , et qu'on ne pouvait trouver des voitures pour aucun prix. Je passais alors au Mans pour me rendre à Paris : je fis observer à mon père que la rivière étant surabondamment pleine, il ne restait que le parti d'essayer un ou deux bateaux, pour tenter de les faire arriver au Mans. Les portes marinières et les écluses des moulins n'étaient nullement en état; il était incertain qu'on eût le temps de faire les réparations nécessaires : d'ailleurs, il pouvait se trouver des endroits dangereux,

Des circonstances impérieuses empêchèrent l'Escalopier de suivre cet important travail.

Le Bureau d'Agriculture établi au Mans, en 1761, a toujours fait de la navigation de la Sarthe, l'objet de ses travaux. Différens mémoires qu'il présenta au gouvernement, déterminèrent M. Ducluzel, intendant de Tours, à reprendre en 1768, l'utile projet de ses prédécesseurs (1). Par son ordre, Voglie, ingénieur en chef, se transporta sur la rivière, du Mans à Malicorne, pour vérifier les plans et niveaux des eaux ; ces plans bien rédigés avaient été déposés dans les archives de la

---

etc.; je répliquai que la nécessité commandait de vaincre tous les obstacles ; qu'il fallait d'abord visiter les écluses et les portes marinières, etc., que j'étais bien assuré qu'on serait autorisé, sans délai, à procéder aux dépens de qui il appartiendrait, à ouvrir le passage des bateaux. Mon père n'hésita pas à aller lui-même sur les lieux ; il courut divers dangers, et resta convaincu 1° que le mal était moins grand qu'on ne s'y attendait ; 2° qu'il y avait moyen de faire exécuter les ordonnances. On obtint l'arrêt du Conseil, du 3 février 1752, qui ordonnait le balisage de la rivière de Sarthe, depuis le Mans jusqu'à Malicorne, et le rétablissement de la route de hallage, nonobstant toutes oppositions; il fut expédié sur l'heure. Une seule opposition fut formée, et un arrêt de défense de la grande Chambre fut obtenu; on alla son train, l'opposant même se désista : les blés arrivèrent sans accident, et la ville fut sauvée. » [*Statistique de la commune de Champaissant.*]

(1) Ordonnance du maître particulier des Eaux et Forêts du Maine, qui prescrit le balisage de la Sarthe et le rétablissement du hallage, depuis l'embouchure de l'Huisne, jusqu'à Malicorne, pour faire venir du port de cette dernière ville, au Mans, les grains que la disette avait rendu nécessaires. (3 mai 1770.)

municipalité et du bureau d'Agriculture : la plupart ont été pillés par l'armée vendéenne, le 11 décembre 1793.

MM. Chaubry et Deshourmeaux, conjointement avec M. Lamandé, Inspecteur général des ponts et chaussées, ont continué, au mois de juillet 1797, cette importante opération. Ils ont fait un examen du cours de la Sarthe, et dressé un apperçu des dépenses à faire.

Voici l'analyse de leur travail :

Depuis la commune de Roullée, proche Alençon, où la Sarthe entre dans notre département, jusqu'au moulin de St.-Benoist, au-dessous du Mans, cette rivière a 99,325 mètres de longueur : elle porte 50 écluses ou déversoirs, et sa pente est estimée à 63 mètres 79 centimètres. Depuis le moulin de St.-Benoist jusqu'au bourg de Pincé, où elle abandonne notre territoire, pour arroser celui de la Mayenne, cette rivière compte 22 écluses ou déversoirs : sa longueur est de 111,760 mètres, et sa pente de 25. Longueur totale du cours de la Sarthe sur notre territoire, 211,088 mètres; pente ou inclinaison estimée 88 mètres 79 centimètres.

Nous avons déjà dit que la Sarthe était navigable depuis Malicorne jusqu'à son embouchure : voici les difficultés que présente, et les travaux que réclame cette navigation, du Mans à Malicorne. La longueur totale de cette dernière distance est de 47,515 mètres, et la pente de 14 mètres 77 centimètres, ce qui fait, à peu près, 27 lignes par 100 toises.

Cette pente est assez uniforme sur toute la longueur, elle ne souffre d'altération que par les attérissemens qui se sont formés en plusieurs endroits; mais pour peu que l'art seconde la nature, on aura bientôt surmonté ces difficultés, et quoique les bateaux, qui remontent à Malicorne, tirent jusqu'à un mètre 62 centimètres d'eau, on peut assurer qu'il sera facile de leur donner toute celle dont ils ont besoin pour remonter jusqu'au Mans. Il suffirait de déblayer les principaux attérissemens, de refaire quelques nouvelles chaussées qui ont anciennement existé, enfin, de réparer et relever celles qui en ont besoin (1).

Ces exhaussemens se feraient sans inconvénient,

----

(1) « La Sarthe, il y a plusieurs siècles, était navigable jusqu'au Mans ; outre les chaussées des moulins actuellement existantes, on en comptait d'autres construites avec art, pour élever suffisamment le niveau de l'eau et permettre aux bateaux le passage dans les gués, formés au-dessous de chaque moulin, par la chute de l'eau qui creuse dans cet endroit le lit de la rivière, et dépose à cent ou deux cents toises plus loin, les terres et le sable qu'elle a entraînés. Pour obvier à cet inconvénient, on avait construit au-dessous de chaque gué, des écluses qui furent abandonnées vers la fin de l'an 1500. On trouve encore dans divers endroits les fondemens de ces chaussées, au nombre de quinze.

Je n'ai pu découvrir en quel temps elles ont été établies, mais un vieux titre m'apprend qu'elles étaient placées :

1.º Aux îles de la Couleuvre, vis à vis le Sauilas ;

2.º Vis-à-vis les prés de Bouches-l'Huisne ;

3.º Aux îles de St.-Georges-du Plain, au-dessous du Gué-du-Large ;

4.º Aux îles d'Arnage, où les religieux de la Couture avaient alors un moulin à blé ;

5.º Aux îles de la Goderie ;

6.º Aux îles du moulin de Spay, vis-à-vis le pré de Cherelle. Celle-ci fut construite en 1459, par Louis Cherelle, de Tours ; on voit

attendu que les rives sont assez constamment de 90 à
192 centimètres au-dessus du niveau ordinaire de la rivière; ce qui donnerait la facilité de retenir des eaux
suffisantes pour la dépense journalière des bateaux, sans
nuire aux terres riveraines, comme cela arrive fréquemment dans les autres rivières navigables.

---

encore dans les basses eaux, les pieux de la chaussée, qui prit, ainsi
que le pré aboutissant, le nom de l'entrepreneur;

7.º Au-dessous du moulin de Fillé, dans un endroit nommé les
Petites-Iles;

8.º A l'endroit de la Grande-Courbe, au-dessous du moulin de la
Beunèche;

9.º A la ferme de Jouannet, entre les moulins de la Beunèche et
Roëzé;

10.º A l'endroit nommé Lachet, au-dessous du moulin de la Suze;

11.º . . . . . .

12.º Aux Mézières, sous le moulin de Théval;

13.º Au vau de Fercé, près le ruisseau de Chemiré;

14.º Au-dessus de l'arche et moulin de Noyen;

15.º La dernière, au-dessous du moulin de Noyen, sert encore à
remonter le gué; elle est connue sous le nom de *Gord de Noyen*. Chaque bateau paye un droit de 15 sous. Avant 1789, les fermiers généraux la faisaient entretenir pour le passage de leurs sels, qui se débar-
quaient en cet endroit, et se transportaient ensuite, au moyeu de
charettes, dans les greniers du Mans et lieux circonvoisins.

La navigation de la Sarthe cessait à Noyen. En 1789, le commerce
du sel étant devenu libre, les bateliers entreprirent de remonter
plus loin, en employant des bateaux plus petits que ceux dont les
fermiers généraux faisaient usage, ils parvinrent jusqu'à Arnage,
point qu'il leur fut impossible de franchir.

[*M. de Vauguyon, statistique de Fillé-Guécélard. An 1804.*]

· On peut donc assurer que la dépense d'une telle entreprise n'est point assez considérable pour en retarder
l'exécution.

L'appréciation suivante des ouvrages à faire [décembre
1801] ne laissera aucun doute sur ce point.

Depuis le port de l'hôpital du Mans jusqu'au moulin
de Riche-Douai, sur 454 mètres de longueur, les ouvrages à faire consistent dans l'arrangement dudit port,
une porte marinière et réparations à la chaussée du
moulin, 46,000 fr.

Du moulin de Riche-Douai à Bouche-d'Huisne, sur
1,607 mètres 41 centimètres de longueur, il conviendra
de boucher le bras gauche de la petite île du Greffier,
pour rétrécir le lit de la rivière; de faire pareille opération vis-à-vis du Sanitas, de construire une chaussée
et une porte marinière au gué Bouquet, au-dessus de
ladite embouchure, au lieu indiqué par les vestiges d'une
ancienne chaussée : le tout évalué à 43,000 fr.

De l'embouchure de la rivière d'Huisne au moulin de
Chahoué, sur 4,382 mètres de longueur, le bras gauche
de l'île à boucher, à la hauteur du bourg du petit Saint-
Georges ; une porte marinière à construire au gué
d'Enfer, avec une chaussée en place de celle qui y a subsisté, et plusieurs attérissemens à déblayer : le tout
évalué 51,000 fr.

Du moulin de Chahoué à la hauteur du bourg d'Arnage, sur 4,968 mètres 38 centimètres de longueur,
plusieurs parties de roc à excaver, entr'autres, à Arnage, 9,000 fr.

D'Arnage au moulin de Spay, sur 3,682 mètres 45

centimètres de longueur, quelques attérissemens à déblayer, une porte et une chaussée à construire à Spay,
48,000 fr.

Du moulin de Spay à celui de la Suze, sur 15,844
mètres 32 centimètres de longueur, des attérissemens à
déblayer à la sortie des portes de Fillé, Beunèche, Roëzé
et en différentes autres parties de cette longueur, avec
des réparations aux chaussées desdits moulins, 30,000 fr.

De la porte de la Suze au port de la Vestière, sur
16,576 mètres 92 centimètres de longueur, des attérissemens à déblayer à la sortie des portes de la Suze, de
Théval et de Noyen, et une autre plus considérable,
partie roc, partie jard, entre Théval et Fercé, avec des
réparations à l'ancienne chaussée du gord de Noyen, et
aux chaussées des portes précédentes; au-dessous de la
porte marinière de Théval, un bras de l'île à boucher en
descendant, 45,000 fr.

Ouvrages imprévus, frais de plans et nivellemens,
30,000 fr. Total de la dépense à faire, 302,000 fr.

Combien ces déboursés seraient facilement compensés
par les avantages qu'ils procureraient au département et
à ceux qui lui sont contigus! Déjà les travaux du gord
de Noyen, ceux des pertuis de Théval et la Suze, les
hauts fonds de Spay, Fillé et la Beunèche, et les travaux
de Noyen à Arnage, sont en partie terminés. L'écluse
de Chahoué est exécutée d'après le nouveau système des
sas, ainsi que le barrage ou déversoir en pierre, qui en
est le soutien. Lorsque les dépenses qu'exigent le gué
Bouquet et Riche-Douai, entre la ville et Chahoué

seront faites, alors les bateaux pourront arriver au Mans, à peu de distance du Pont-Royal.

Jusqu'ici nous n'avons parlé que de la navigation en *aval* de la Sarthe; celle en *amont*, du Mans vers Alençon, ne serait pas moins importante, si on pouvait l'exécuter. Cette portion de notre rivière est presque partout profonde, large, tranquille et roule beaucoup plus d'eau qu'il n'en faut pour une navigation très-active.

Si la Sarthe pouvait être ensuite réunie à l'Orne, par un canal, elle établirait, dans l'intérieur, la communication, depuis long-temps désirée, de la Manche à l'Océan ; l'agriculture y gagnerait beaucoup de bras et d'animaux qu'occupe un pénible roulage ; l'entretien des routes deviendrait moins dispendieux, et en temps de guerre, des convois précieux ne seraient plus exposés aux dangers d'une navigation maritime (1).

Rivières et ruisseaux qui tombent dans la Sarthe, depuis Alençon jusqu'à Pincé.

SARTHON, rivière. *Source*: forêt d'Ecouves. *Cours*: 19484

---

(1) 1.° Les plans de la navigation de la Sarthe à Alençon, et de la jonction de cette rivière avec celle de l'Orne, par un canal d'Alençon à Argentan, ont été levés et déposés dans les bureaux du ministre Trudaine. [*Statistique du district de Fresnay par M. de Perrochel.*]

Les nivellemens relatifs à ce canal de jonction ont été faits de 1806 à 1812 : ce qui a produit sept cartes qui ont été adressées à M. le directeur général des ponts et chaussées, en décembre 1812. Quatre de ces pièces envoyées ont été réduites, et sont les seules que possède

mètres. *Confluent* : à 390 mètres, en aval, de St.-Ce=
neri.

ANETTE, rivière. *Source* : la Biharoy et bois des Monts
de Tonnes. *Cours* : 9,742 m. *Confluent* : à 390 m.
au-dessus du moulin du Val.

MERDEREAU, rivière. *Source* : forêt de Pail. *Cours* :
17,535 m. *Confluent* : gué Ory.

VAUDELLE, rivière. *Source* : St.-Thomas. *Cours* : 18,520
m. *Confluent* : à 584 m. en aval du pont du gué Ory.

ORTHE, rivière. *Source* : bois d'Izé et forêt de Sillé. *Cours* :
23,380 m. *Confluent* : vis-à-vis Moré.

ROSAY, rivière. *Source* : forêt de Perseigne, et Champ-
fleur. *Cours* : 16,865 m. *Confluent* : 195 m. au-dessous
du moulin de Combre.

BIENNE, ruisseau. *Source* : forêt de Perseigne. *Cours* :
23,380 m. *Confluent* : vis-à-vis Piacé.

ORTON, rivière. *Source* : Toigné. *Cours* : 13,638 m. *Confluent* : à 1,363 m. en aval de Beaumont.

LONGÈVE, rivière. *Source* : la Guilardière, Pezé et St.-
Remy. *Cours* : 16,997 m. *Confluent* : aux Fontaines,
à 1,948 m. au-dessus de St.-Marceau.

ORNE, rivière. *Source* : St. Hilaire et forêt de Bellême.
Cours : 38,968 m. *Confluent* : 590 m. au-dessous de
Montbizot.

MAULE, ruisseau. *Source* : Domfront. *Cours* : 13,638 m.
Confluent : à Colière, près Maule.

---

l'ingénieur du département de la Sarthe ; les trois autres n'ont point
encore été retrouvées à la direction, elles s'étendent depuis le moulin
de Montreuil - sur-Sarthe, jusqu'au moulin Beaudet, commune de
Hellou, département de l'Orne. (*M. Cherrier.*)

L'huisne, rivière. *Source* : St.-Hilaire de Souzay. *Con-fluent* : à 1,600 m. au-dessous du Mans.

Mortes-Œuvres, ruisseau. *Source* : Parigné. *Cours* : 13,600 mètres. *Confluent* : à 390 mètres au-dessus d'Arnage.

Le Rône, rivière. *Source* : St.-Mars-d'Outillé. *Cours* : 23,380 m. *Confluent* : Guécélard.

Le Fessard, rivière. *Source* : Yvré-le-Pôlin. *Cours* : 14,612 m. *Confluent* : à la grande Bousse.

Orne, rivière. *Source* : Chaufour. *Cours* : 17,498 m. *Confluent* : à 584 m. au-dessous de Roëzé.

Renon, ruisseau. *Source* : Vilmorin, commune de Souligné. *Cours* : 10,736 m. *Confluent* : à Mitaudière.

La Gée, rivière *Source* : Avacorin, commune de la Quinte. *Cours* : 23,380 m. *Confluent* : vis-à-vis la Gormerie, entre Noyen et Fercé.

L'Arche, ruisseau. *Source* : la Perriche, commune de Pirmil. *Cours* : 5,845 m. *Confluent* : à 1,170 m. au-dessus de Noyen.

Vezane, rivière. *Source* : la fontaine St.-Martin. *Cours* : 13,638 m. *Confluent* : Malicorne.

Auvers, ruisseau. *Source* : la Tuffière. *Cours* : 9,741 m. *Confluent* : Malicorne.

Denfont, ruisseau. *Source* : Sorien-le-Sablonnay. *Cours* : 12,664 m. *Confluent* : 390 m. en aval d'Avoize.

Vègre, rivière. *Source* : forêt de Sillé. *Cours* : 63,296 m. *Confluent* : Grandteil à 3,310 m. au-dessous d'Avoize.

Erve, rivière. *Source* : Vimarcé. *Cours* : 52,605 m. *Confluent* : à Sablé.

Vaige, rivière. *Source* : St.-Léger-en-Charente. *Cours* : 36,978 m. *Confluent* : à Sablé.

NAVIGATION DE L'HUISNE.

Cette rivière prend sa source à St.-Hilaire-de-Souzay,
près la forêt de Bellesme, passe à Mauves, Remalard,
Nogent-le-Rotrou, la Ferté-Bernard, Connerré, Pont-
de-Gennes, Yvré, et se jette dans la Sarthe, 1600 mètres
environ au-dessous du Mans. Le pays qu'elle parcourt
gagnerait beaucoup à la navigation de cette rivière. En
1747, le duc de Chevreuse, propriétaire de la forêt de
Bonnétable, obtint un arrêt du Conseil qui lui permettait
de rendre l'Huisne flottable, à ses frais, depuis le Pont-
de-Gennes jusqu'au Mans, pour l'extraction des bois de
sa forêt. Cette navigation a eu lieu jusqu'en 1767 : depuis cette époque, les portes marinières ont été négligées,
quelques unes même entièrement obstruées. Cependant,
l'intérêt du département de la Sarthe serait de solliciter
le rétablissement de cette navigation, et de la prolonger
même jusques dans le territoire d'Eure-et-Loir, pour
exporter plus facilement, de ce dernier, les grains qu'il
fournit au nôtre.

Productions des rives de l'Huisne.

Les bois de Monsort, près Yvré, ont de belles carrières de grès.

Montfort a un bon marché de grains qui pourraient
descendre au Mans. Au Pont-de-Gennes, on embarquerait les bois de construction et les merrains de la
forêt de Bonnétable.

Connerré deviendrait l'entrepôt des charbons de Coudrécieux et des Loges, des tuiles de St.-Michel et de Lavarré, des cidres du canton, et des produits des verreries de la Pierre et de Montmirail.

Vouvray a un rocher calcaire qui fournit de belles pierres de taille, et de la chaux; à St.-Hilaire, on embarquerait les tuiles de Tuffé, et les poteries de Prevelle.

On tirerait les foins de la Ferté, les fers de Vibraye. Au-dessus de la Ferté, il y a beaucoup de bois taillis qui donneraient du charbon.

A Nogent-le-Rotrou, on embarquerait, en retour des sels et épiceries, les blés de Courville, de Chartres, et les cidres du Perche.

Le cours de l'Huisne, depuis son entrée dans notre département, commune d'Avezé, jusqu'à son embouchure au-dessous du Mans, est de 64,300 mètres, et sa pente totale de 21 mètres 27 centimètres. Il y a sur cette rivière 24 écluses ou déversoirs.

Ruisseaux qui tombent dans l'Huisne.

La Même. Source : forêt de Bellême. *Cours :* 27,276 mètres. *Confluent :* près Haute-Folie, à 1,779 mètres en aval de la Ferté.

Barbe-d'Orge. Source : commune de Lamnay. *Cours :* 11,690 m. *Confluent :* à la planche de Queune.

Cheronne. Source : Prevelles. *Cours :* 8,183 m. *Confluent :* à la Béguinière, vis-à-vis Vouvray.

Longuève. Source : forêt de Vibraye. *Cours :* 15,975 m. *Confluent :* Connerré.

Vive-Parence. Source : Grande-Fratière, entre

Bonnétable et Prevelle. *Cours :* 19,444 m. *Confluent :* Parence.

LE NARAIS. Source : Grandmont. *Cours :* 23,340 m. *Confluent :* 584 m. au-dessous du moulin de Bouray.

NAVIGATION DU LOIR.

Le Loir prend sa source au département d'Eure-et-Loir, dans la commune de Cernay. Il passe à Château-dun, Vendôme, Montoire, Troo, la Chartre, à Coëmont près Château-du-Loir (1), Vaas, le Lude, la Flèche, Duretal, etc., reçoit les eaux de la Sarthe, à Briolay, distant d'un myriamètre d'Angers. La navigation de cette rivière est en vigueur depuis Coëmont jusqu'à son embouchure.

Productions des rives du Loir.

Cette rivière arrose une plaine agréable et fertile, dont

---

(1) « Château-du-Loir peut communiquer facilement avec la rivière du Loir, par une navigation en ligne droite de 1,000 toises au moins, et de 1,340 au plus. M. de Belle-Ille, ancien ingénieur militaire dans le Maine, a donné les détails de cette navigation, dans un mémoire présenté à l'administration de Château-de-Loir, le 15 prairial an 3.

« Ce canal, dit-il, supposé de 50 pieds de largeur à fleur d'eau de la navigation ordinaire du Loir, ne coûterait qu'un déblai d'environ 30,000 toises cubes pour la moindre longueur, et de 40,000 pour la plus grande : or cette dépense est bien inférieure aux avantages de ce canal. » [*Mémoire sur la statistique du district de Château-du-Loir, par* M. de Burbure.]

les

les riants coteaux, surtout ceux de la rive droite, sont couverts de vignobles. La Flèche fournit des vins ordinaires ; Chateau-du-Loir, de bons vins blancs qu'on a plusieurs fois expédiés pour la Flandre et la Hollande. Les bois de construction et merrains de la forêt de Bersay, sont peu éloignés des rives du Loir, ainsi que les bois et fers de Vibraye : les blés du Vendomois et d'une partie de la Beauce peuvent être embarqués sur cette rivière.

Depuis la commune de Poncé, où le Loir entre dans le département de la Sarthe, jusqu'à celle de Bazouges, où cette rivière quitte notre territoire, elle parcourt une longueur de 98,300 mètres, porte 26 écluses ou déversoirs, et sa pente est estimée à 27 mètres 44 centimètres.

Rivières et ruisseaux du département de la Sarthe qui tombent dans le Loir.

La **Braye**. *Source* : Fontaine et source de Braye, département d'Eure-et-Loir. *Confluent* : à l'est de Poncé.

La **Veuve**. *Source* : aux Fontaines, commune de Tresson. *Cours* : 23,379 mètres. *Confluent* : à 584 m. en amont du moulin de la Pointe.

La **Domée**. *Source* : forêt de Beaumont. *Cours* : 22,795 m. *Confluent* : St.-Lazare.

Dinan. *Source* : la maison neuve, commune de Jupille. *Cours* : 14,028 m. *Confluent* : 390 m. en aval de S.te-Cécile.

Le **Lon**. *Source* : à Chantemesle, commune de Rouziers. *Cours* : 21,434 m. *Confluent* : vis-à-vis..., près Bonlieu.

Boisterie, ruisseau. *Source* : bois de Boisterie. *Cours* : 7,793 m. *Confluent* : à 390 m. en amont de Nogent-sur-Loir.

Le Pré-Lambert. *Source* : forêt de Bersay. *Cours* : 12,665 m. *Confluent* : vis-à-vis Montabon.

Gravelle, ruisseau. *Source* : forêt de Bersay. *Cours* : 13,638 m. *Confluent* : à 292 mètres en amont de la Gravelle.

La Fare. *Source* : Sonzay. *Cours* : 28,255 m. *Confluent* : à 974 m. au-dessus du pont, commune de la Chapelle.

Meaune. *Source* : forêt de Chateaux. *Cours* : 17,535 m. *Confluent* : 584 m. en aval de la Guierche, commune de la Chapelle.

Marconne *Source* : Noyant. *Cours* : 17,580 m. *Confluent* : près la Giraudière, à 1,170 m. au-dessus du Lude.

Lone. *Source* : au Grison, commune de Marigné. *Cours* : 26,328 m. *Confluent* : à 975 m. en amont de Luché.

Les Cartes. *Source* : les Guiberdières, commune de Vaulandry. *Cours* : 9,741 m. *Confluent* : près les Brosses, à 2,338 m. au-dessous de la Flèche.

Chaloux. *Source* : Chavagne. *Cours* : 16,561 mètres. *Confluent* : à 390 m. en amont des Gouletteries, commune de Thorée.

FLOTTAGE DE LA BRAYE.

La Braye, qui dans une grande partie de son cours, sépare le département de la Sarthe de celui de Loir-et-Cher, commence aux fontaine et source de Braye, au nord de St.-Bomer de la Grève, département d'Eure-et-Loir. Elle entre bientôt sur le territoire de Théligny, canton de la Ferté-Bernard, fait aller les grosses forges de Cormorin à Champrond, passe à Vibraye, Sargé, Savigny, Bessé, et se réunit au Loir, à l'est de Poncé, après un cours de 32,000 toises, dont 18,000 ont été canalisées. Sa direction est à peu près du nord au sud (1).

Elle reçoit, un peu au-dessus du moulin de Gourgady, commune de Vallennes, le Coitron, qui vient de St.-Avit-au-Perche, département de Loir-et-Cher, coule du nord-est au sud-ouest, sur une longueur de 7,000 toises..

---

(1) Cette rivière arrose un vallon marécageux : son lit est profond, elle coule toujours à pleins bords, mais elle est sujette à se déborder. Les terrains qu'elle couvre restent alors long - temps sous l'eau, après qu'elle est rentrée dans son lit ; il en résulte des exhalaisons malsaines qui influent sur la santé des habitans, particulièrement à Sargé et à Savigny.

La Braye, si elle était rendue flottable pour le transport des bois de la forêt de Montmirail, deviendrait facilement navigable ; mais il faudrait établir un système général de navigation, et réunir pour le service de nos départemens de l'Ouest, le Loir à l'Eure, et la Sarthe à l'Orne : dans ce cas, la Braye fournirait au commerce de Nantes et d'Angers, le moyen d'établir des entrepôts à Bessé, Savigny et Sargé. (*Note de M. de Musset.*)

M. Mangin voyant dans ces deux rivières le moyen d'exploiter commodément les bois de la forêt de Mont-mirail, sollicita auprès du Gouvernement et obtint, en 1783, la permission de rendre la Braye flottable, depuis sa jonction avec le Coitron, jusqu'à son embouchure dans le Loir, à la charge par lui de payer les terrains dont il s'emparerait, d'indemniser les meûniers du chommage, d'exécuter et d'entretenir à ses frais le nou-veau canal auquel on donna le nom de *Canal du Coi-tron.* Le plan proposé reçut son exécution (2); mais pendant plusieurs années le canal fut entièrement né-gligé, personne ne veilla à sa conservation : de sorte que le temps, et plus encore, la malveillance de certains riverains ayant détruit presque tous les travaux d'art, le flottage était devenu très-difficile. Enfin les contes-tations qui s'élevaient continuellement entre les préposés au transport des bois de marine et les propriétaires des moulins établis sur la Braye, engagèrent l'autorité à déclarer, en 1807, que cette rivière n'était plus flot-table.

L'édit du Roi autorisait le Seigneur de Montmirail à donner à ses travaux une direction telle, que la Braye, devint en peu de temps navigable; alors il était ac-

---

(2) Le 6 thermidor an 2, M. Chauvet, ingénieur de la marine, réquit l'administration du département de Loir-et-Cher, d'ordonner le balisage des rivières et canaux navigables et flottables du Loir, de la Braye et du canal de Coitron. Le 8 du même mois, l'administration centrale ordonna ce balisage devenu surtout nécessaire pour le trans-port des bois de marine. (*Note de M. Ledru.*)

cordé à M. Mangin; pour les dépenses et les frais d'entretien de la navigation, un droit de péage sur toutes les marchandises qui seraient expédiées par cette rivière.

Ce canal a servi jusqu'en 1807, au transport des bois de marine de la forêt de Vibraye. Les pièces étaient déposées au port de Rougemont, ou du Moulin Neuf, commune de Vallennes. Cet endroit est des plus commodes : après avoir détourné les eaux de la rivière, on préparait les trains au milieu même de son lit; quand le travail était achevé, on rendait aux eaux leur cours ordinaire et les trains étaient à flot.

Les objets de transport sur la Braye sont à peu près les mêmes que pour l'Huisne.

Voici les rivières du département de la Sarthe qui se jettent dans le canal du Coitron.

Le ruisseau de Fresnay sort des étangs de la cour des Bois, forêt de Vibraye, alimente la fenderie des forges de Cormorin, et après avoir reçu le Boutry, se décharge dans la Braye, à Valennes; cours 6,000 toises.

L'Anille prend sa source aux Trois-Fontaines près la chapelle de St.-Christophe, au nord de Montaillé, et passe à St.-Calais. Elle reçoit les eaux de Roulecrotte, du Pirot, de la Borde-Oysé, de Villebautru et d'Hédonne, avant sa réunion au-dessus de Bessé; cours 10,000 toises.

Le Tusson, dans lequel le Charmenson tombe près de Vancé, commence à la fontaine Boux, à l'ouest d'Ecorpain et fait sa jonction dans la commune de Lavenay; cours 12,000 toises. (*M. Cauvin.*)

CHAPITRE CINQUIÈME.

PONTS ET CHAUSSÉES.

Les sources où nous avons puisé la redaction de cet article, sont :

1.º Etat des routes qui composent l'arrondissement de la Flèche, par M. Cherrier, 1795.

Deux mémoires sur les ponts et chaussées, par M. Chaubry, 1800.

Mémoire pour la construction d'un nouveau pont, au Mans, en remplacement du pont Perrein, présenté au Conseil d'Etat, par M. Chesneau-Desportes, 1805.

Observations sur le même sujet, par M. Bechet-Deshourmeaux, 1806.

Mémoire sur la plantation des routes de l'arrondissement de la Flèche, par M. Cherrier, 1807.

Procès-verbal de la pose de la première pierre du pont Napoléon, le 24 juin 1809, imprimé.

Rapport sur un chemin de communication, exécuté par M. de Musset, entre St.-Calais et Château-du-Loir, dans les années 1811 et 1812.

Tableau des routes royales et des routes départementales, comprises dans le département de la Sarthe, au 31 décembre 1819, par M. Cherrier.

PONTS.

Les trois rivières principales qui arrosent et fertilisent notre département, sont traversées par un grand nombre de ponts ; dont nous indiquerons les plus importans.

Sur l'Huisne.

1.º Le pont d'Yvré, route de Nantes à Paris, construit en 1777, sous la direction de l'ingénieur Chaubry ; il est en bois.

2.º Celui de Pontlieue, en pierre tirée des carrières d'Ecommoy ; bâti en 1772, d'après les dessins de M. de la Touche.

Sur le Loir.

1.º Le pont de la Chartre, ayant, à raison de sa vétusté, besoin de réparations fréquentes ; il est en bois.

2.º De Coëmont près Château-du-Loir, route de Tours à Rouen, en pierres extraites des carrières d'Ecommoy, actuellement en construction sur les dessins de M. Daudin.

3.º Du Lude, construit en bois, vers le milieu du 17º siècle, à refaire ; on s'en occupe.

4.º Le pont des Carmes, à la Flèche, en pierre ; vieux, et dont une arche a été renversée pendant nos discordes civiles. Celle en bois qui la remplace est peu solide.

Sur la Sarthe.

1.º Les ponts de Juillé, Beaumont et St.-Marceau ; route du Mans à Alençon, en pierre, vieux et peu solides.

2.º Le pont Perrein, au Mans, construit en 1529.

Le mauvais état de ce passage qui n'a que 17 pieds de largeur ; ses arches peu solides, trop resserrées, et fréquemment obstruées par les glaces, ou ne laissant pas, lors des inondations, un cours suffisant aux eaux; des rues étroites et tortueuses qui lui servent de débouché ; toutes ces considérations rendaient nécessaire la construction d'un nouveau pont plus spacieux et d'abords plus faciles, pour ne pas interrompre la communication des départemens méridionaux avec ceux de l'ouest et du nord : enfin nous jouissons de ce bienfait. Le nouveau pont, dont la première pierre a été posée le 24 juin 1809, et la dernière vers la fin de 1813, embellit à la fois notre ville, et facilite les mouvemens du commerce.

Il a été construit sur les dessins de l'ingénieur ordinaire Deshourmeaux, sous la direction de l'ingénieur en chef Daudin, et a coûté environ 300,000 fr. (1). Les

---

(1) Les fondations creusées en 1809, pour la construction de ce nouveau pont, ont fait connaître plusieurs fragmens de poterie romaine, d'un assez bon style, soigneusement recueillis par MM. Daudin et Maulny, et déposés au muséum du département ; des médailles, des anneaux, divers instrumens, etc., qui attestent que les arts de l'Italie furent autrefois transportés des bords du Tibre sur ceux de la Sarthe. M. Daudin (*Exposé des objets d'antiquité trouvés dans les fouilles du pont Napoléon*. Le Mans in-4° 1809), en donnant l'explication de ces objets, avait avancé que la fondation du Mans ne remontait pas au-delà du 2e siècle de l'ère vulgaire. M. Berard (*Conjectures sur l'origine de la ville du Mans*, in-4° 1810), à réfuté cette assertion.

Ce point d'histoire sera traité dans la 2e section.

pierres de grès dont il se compose ont été extraites des carrières de Sargé, Rouillon et St.-Aubin.

Il y a sur nos rivières beaucoup d'autres ponts de toute dimension dont le nombre réuni à celui des arches et des aqueducs, s'élève à près de 320 (1).

---

(1) Le pont de Braye entre Sougé (Loir-et-Cher) et Lavenay (Sarthe), est en bois ; il a été réparé trois fois en moins de soixante ans et à chaque fois il a été long-temps impraticable avant la réparation. La levée du côté de Sougé n'est pas bien entretenue, elle le sera mieux, dit-on, si le chemin du Château-du-Loir à Vendôme par Montoire, au lieu de suivre la rive gauche du Loir, depuis la Chartre, est conduit à partir de ce point, sur la rive droite par Ruillé et Poncé, jusqu'au pont de Braye.

Pour venir en ligne directe d'Orléans et de Blois au Mans, il faut traverser le pont de Savigny sur Braye; c'est pour faciliter ce trajet, auparavant très-difficile, que les ingénieurs firent établir ou réparer, il y a environ cent ans, des ponts à Savigny, à Bessé, entre Sougé et Lavenay, auxquels on arrive par des levées assez exhaussées. Les propriétaires du château de Montmarin [Loir-et-Cher] ont construit il y a long-temps, à leurs frais et en pierre, un pont qui devint public, lorsque le Gouvernement, changeant la première direction donnée à la route de Rennes à Orléans par le Mans, fit prendre sur Bouloire, St.-Calais, Freteval, etc., des alignemens dirigés dix ans auparavant, sur Lucé, Montreuil-le-Henri, Bessé, etc.

L'arrondissement de St.-Calais et celui de Vendôme ont fait de grands sacrifices pour rétablir cette communication, aujourd'hui presque abandonnée. Une arche en pierre a été construite à St.-Marc près Vendôme; un pont en bois, sur la rivière de Boulon, à son embouchure dans le Loir. Les abords de Savigny et le chemin depuis la Braye jusqu'à St.-Calais seraient d'une grande importance pour procurer aux habitans des débouchés plus commodes.

Les ponts et la levée de Bessé devaient être dans l'alignement de la

Le nombre et la direction des grandes routes qui vivi-fient le département de la Sarthe, offrent un système de communication par terre aussi parfait qu'on peut le désirer. En effet, dix grandes routes, semblables aux rayons d'un cercle, partent à peu près du chef-lieu, comme du point central, vont aboutir aux extrémités du département d'où elles communiquent avec les villes voisines : enfin, une autre route presque circulaire, qui passe par les grandes communes de la Ferté-Bernard, St.-Côme, Mamers, Fresnay, Sillé, Brûlon, Sablé, la Flèche, le Lude, Château-du-Loir, la Chartre, St.-Calais, Vibraye, et revient à la Ferté-Bernard, coupe ces rayons à leur extrémité et fait, pour ainsi dire, la ceinture du département.

Ces grandes routes étaient naguères dans un état effrayant de dégradation ; triste résultat des guerres civiles et des malversations en tout genre.

Ces abus ont été, à différentes époques, signalés par les ingénieurs chargés de cette branche d'administration.

Dans les travaux publics, la marche la plus certaine pour arrêter la fraude et obtenir un résultat heureux, c'est de donner les grandes entreprises au rabais, d'après un devis rigoureux, et des conditions bien précisées.

---

route du Mans à Orléans, par Lucé, le gué du Loir, Vendôme et Beaugency. Ces ponts sont d'une grande utilité aux départemens de la Sarthe, de Loir-et-Cher et du Loiret. Il est à désirer qu'ils soient réparés et entretenus, comme partie de route départementale, et qu'on revienne au projet de route du Mans à Orléans, par Beaugency.

[*Note de M. de Musset.*]

(75)

On doit à cette méthode, dont l'avantage est constaté par une longue expérience, les ponts, les canaux et ces ports magnifiques, ornement et richesse de la France. Mais une loi ayant statué qu'aucune adjudication publique ne dépasserait 3,000 fr., les gros entrepreneurs intelligens et solvables furent bientôt remplacés par des agioteurs, ou par des ouvriers sans talens et sans garantie. On vit alors, dit M. Cherrier, des chirurgiens, des notaires, des aubergistes et même des cuisiniers, devenir entrepreneurs de routes. Cet ingénieur aurait pu ajouter que, dans ce système d'adjudications morcelées, la surveillance devenait extrêmement difficile, parce qu'elle embrassait un trop grand nombre de subalternes qui n'entendaient ni le langage ni les formes du travail qu'ils devaient exécuter.

« D'un bout de la France à l'autre, écrivait en 1800, M. Chaubry, on se plaint du mauvais état des routes : mais le mal a dû être plus sensible dans le département de la Sarthe, ravagé par la guerre civile. »

Cette guerre a empêché les ouvriers de travailler ; elle a multiplié les marches de troupes, les transports d'artillerie ; les différentes armées ont souvent coupé les routes (1), les ponts (2), pour leur sûreté ou pour des intérêts particuliers ; de sorte que les hommes, au lieu

____

(1) Par exemple, celle du Mans à la Flèche, près Guécélard ; du Mans à Sillé, au-dessus de Domfront, etc.

(2) Le pont des Carmes, à la Flèche ; celui du Lude ; de Guéret, à Boessé, près Sablé ; l'ancien pont sur l'Huisne, près le Mans, etc.

d'entretenir les chemins et d'y réparer les ravages du temps, ont employé leurs bras à les détruire.

Un système mieux raisonné d'administration publique, et surtout la paix intérieure, ont fait disparaître une partie de ces monstrueux abus. Chaque année, depuis 1801, des fonds considérables, affectés aux réparations des routes, ont été employés avec plus de discernement et d'économie.

Une commission de dix membres, nommés par arrêté du 20 novembre 1813, a été chargée de surveiller les travaux publics et l'emploi des fonds qui leur sont destinés : quelques cantonniers établis, de distance en distance, sur les différentes routes, travaillent à leur entretien journalier.

Le département de la Sarthe possède six routes royales de deuxième et troisième-classe (*voyez Tableau I.*), et onze routes départementales (*voyez Tableau II.*).

Indication des principaux endroits que les routes royales de 2ᵉ et 3ᵉ classes traversent dans la Sarthe.

N.° 26, Route de Paris à Nantes, 2ᵉ classe.

Le n° 26 entre dans la Sarthe à l'acqueduc de la Preuil, passe à la Ferté-Bernard, Connerré, Saint-Mars, Yvré, au Mans, à Arnage, Guécélard, Foultourte, Clermont, la Flèche, et Bazouges; sort du département à l'acqueduc de la Fontaine, avant la petite ville de Durtal.

N.° 158, Route de Bordeaux à Rouen, 3ᵉ classe.

Le n° 158 entre dans la Sarthe à l'acqueduc de Mar-

TABLEAU DES ROUTES ROYALES   I.

DE 2.ᵉ ET 3.ᵉ CLASSES, COMPRISES DANS LE DÉPARTEMENT DE LA SARTHE,

AU 1.ᵉʳ JANVIER 1820.

NUMÉROS des ROUTES.	DÉNOMINATIONS DES ROUTES, d'après le décret du 16 décembre 1811, et leurs longueurs dans la Sarthe.	PORTIONS A L'ENTRETIEN — EN PAVÉS. LONGUEUR.	DÉPENSE annuelle.	EN EMPIERREMENT. LONGUEUR.	DÉPENSE annuelle.	PORTIONS A RÉPARER AVANT D'ÊTRE PORTÉES A L'ÉTAT D'ENTRETIEN. EN PAVÉS. LONGUEUR.	DÉPENSE.	EN EMPIERREMENT. LONGUEUR.	DÉPENSE.	PARTIES A OUVRIR ET A TERMINER. EN PAVÉS. LONGUEUR.	DÉPENSE.	EN EMPIERREMENT. LONGUEUR.	DÉPENSE.
		mètres c.	fr. c.	mètres c.	fr. c.	mètres c.	fr. c.	mètres c.	fr. c.	mètres c.	fr. c.	mètres c.	fr. c.
26	**II.ᵉ CLASSE.** De Paris à Nantes. Longueur totale.. 103,131 »	8,494 50	1,274 18	94,636 50	52,050 08	» »	» »	» »	» »	» »	» »	» »	» »
	III.ᵉ CLASSE.												
158	De Bordeaux à Rouen. Longueur totale.. 51,345 »	2,471 53	444 87	7,711 »	4,626 60	162 47	1,543 47	41,000 »	143,500 »	» »	» »	» »	» »
175	D'Orléans à St-Malo. Longueur totale.. 23,233 10	348 96	87 04	21,423 75	10,711 87	180 »	463 68	879 80	1,809 75	400 60	19,280 88	» »	» »
177	De Blois à Laval. Longueur totale.. 79,919 21	998 64	199 73	77,304 »	30,921 »	» »	» »	» »	» »	236 »	4,730 »	1,380 57	13,322 50
178	De Tours à Caen. Longueur totale.. 45,021 »	662 »	165 50	25,039 »	15,017 40	300 »	2,700 »	20,000 »	70,000 »	» »	» »	» »	» »
179	De Tours à Rennes. Longueur totale.. 53,336 47	1,651 »	495 30	» »	» »	200 »	1,600 »	46,641 26	88,617 90	50 »	1,700 »	4,794 21	47,952 10
	Totaux pour la 3.ᵉ classe. 253,824 79	6,132 13	1,392 64	131,467 75	61,276 87	842 47	6,307 15	108,521 06	303,927 65	686 60	25,700 88	6,174 78	61,274 60

NUMÉROS des ROUTES.	INDICATION DES ROUTES.	LONGUEUR DES ROUTES. En chaussée pavée. (mètres)	(c.)	En empierrement. (mètres)	(c.)	En terrains naturels. (mètres)	(c.)	En lacunes. (mètres)	(c.)	LONGUEUR totale de chaque route. (mètres)	(c.)	DÉPENSES A FAIRE. Pour préparations extraordinaires. (fr.)	(c.)	Pour constructions neuves. (fr.)	(c.)	Total pour chaque route à l'entretien simple. (fr.)	(c.)	Pour l'entretien annuel, quand les routes seront perfectionnées. (fr.)	(c.)
1.ᵉʳ	Du Mans à Mortagne.	7,174	20	34,068	32	»	»	»	»	41,242	52	220,000	»	»	»	220,000	»	20,000	»
2	Du Mans à Mayenne.	584	50	25,284	29	»	»	4,870	29	30,739	08	38,800	»	60,000	»	98,800	»	10,000	»
3	Du Mans au Grand-Lucé.	»	»	7,480	»	16,611	10	»	»	24,091	10	20,000	»	100,000	»	120,000	»	10,000	»
4	De Château-du-Loir à Montoire.	38	90	23,905	30	»	»	»	»	23,944	30	30,000	»	»	»	30,000	»	10,000	»
5	De Mamers à Sablé.	570	37	49,937	»	38,764	20	834	»	90,105	57	50,000	»	470,000	»	520,000	»	60,000	»
6	De la Ferté-Bernard à la Chartre.	1,236	38	17,289	12	16,862	»	14,390	»	49,777	50	20,000	»	235,000	»	255,000	»	30,000	»
7	De la Ferté-Bernard à Mamers.	»	»	11,334	»	»	»	17,000	»	28,334	»	76,000	»	200,000	»	276,000	»	12,000	»
8	De la Fontaine-St-Martin à Sablé.	134	40	7,255	70	23,140	90	»	»	30,531	»	20,000	»	110,000	»	130,000	»	10,000	»
9	De Château-du-Loir au Lude.	1,246	94	13,607	36	6,295	44	»	»	21,149	74	25,000	»	35,000	»	60,000	»	6,000	»
10	De Malicorne à la Flèche.	214	31	2,143	22	194	83	10,716	»	13,268	36	»	»	110,000	»	110,000	»	6,000	»
11	Du Mans à Mamers, par Ballon.	5,000	»	»	»	42,032	»	»	»	47,032	»	»	»	300,000	»	300,000	»	20,000	»
	TOTAUX.	16,200	»	192,304	31	143,900	47	47,810	29	400,215	07	499,800	»	1,620,000	»	2,119,800	»	174,000	»

douet, situé du côté de Saumur, à 4,381 mètres avant le point de la Flèche où elle rencontre la route de Paris à Nantes, a de commun avec cette route toute la distance comprise entre la Flèche et les halles du Mans, de là se continue, en passant par la Bazoge, près St.-Jean-d'Assé, St.-Marceau, Beaumont-le-Vicomte, Juillé, Piacé, et sort du département 1442 mètres en-deçà d'Alençon.

N.º 175, *Route d'Orléans à St.-Malo, 3º classe.*

Le n.º 175 entre dans la Sarthe à 1031 mètres 65 cent. avant la ville de Mamers, passe à Neufchâtel, traverse la forêt de Perseigne, et se termine à 1442 mètres en-deçà d'Alençon.

N.º 177, *Route de Blois à Laval, 3ᵉ classe.*

Le n.º 177 entre dans la Sarthe à 5098 mètres 57 cent. avant St.-Calais, passe ensuite à Bouloire, à Ardenay, joint la route de Paris à Nantes, à la lune d'Auvour, un peu avant Yvré, depuis la lune d'Auvour jusqu'aux halles du Mans, se confond avec la route de Paris à Nantes, et des halles à la Croix-d'Or avec la route de Bordeaux à Rouen qu'elle quitte pour se diriger du côté de Laval par Chaufour, Coulans, Chassillé, Joué, jusqu'à la pyramide qui fait la limite près de l'ancienne Chartreuse-du-Parc, côté de Laval.

N.º 178, *Route de Tours à Caen, 3ᵉ classe.*

Le n.º 178 entre dans la Sarthe à l'acqueduc des Mont-

Juts côté de Tours ; passe à Dissai-sous-Courcillon ; Coëmont, Chateau-du-Loir, Ecommoy, Mulsanne, joint la route de Paris à Nantes à la lune de Pontlieue, près le Mans, et se confond du Mans à Alençon avec la route de Bordeaux à Rouen, passant à la Bazoges, St.-Jean-d'Assé, St.-Marceau, Beaumont, etc., comme il est dit au n.º 158.

N.º 179, *Route de Tours à Rennes ; 3ª classe.*

Le n.º 179, venant de Tours et de Château-Lavallière ; entre dans la Sarthe au chemin de la Chapelle à Broc, passe à Thorée et rencontre, à l'entrée de la Flèche, la route de Bordeaux à Rouen ; dans la ville de la Flèche, celle de Paris à Nantes qu'elle quitte hors de la ville, à l'ouest, pour se diriger, par Verron, Crosmière et Louaille, à Sablé, et se termine, pour la Sarthe, au pont Guéret, qui fait la limite, côté de Laval, avec le département de la Mayenne.

Indication des principaux endroits que les routes départementales traversent dans la Sarthe.

N.º 1ᵉʳ, *Route du Mans à Mortagne.*

Cette route part du centre de la place des Halles du Mans, passe par Savigné-l'Evêque, Bonnétable, Rouperroux, St.-Côme et quitte le département de la Sarthe à la pyramide de St.-Côme, limite entre la Sarthe et l'Orne.

N.º 2, *Route du Mans à Mayenne.*

Cette route commence au centre de la place des

Halles du Mans ; mais elle a une portion commune avec la route royale, n° 158, de Bordeaux à Rouen, depuis ladite place des Halles jusqu'à l'entrée des bois de Maule, point où la route départementale, n° 2, du Mans à Mayenne s'embranche à gauche venant du Mans sur celle de Bordeaux à Rouen, et de là passe par Domfront, Conlie, Sillé-le-Guillaume, et quitte le département de la Sarthe à 4570 mètres au-dessus de cette ville.

N.° 3, *Route du Mans au Grand-Lucé.*

Cette route part du centre de la place des Halles du Mans, et a une portion commune avec la route royale, n° 26, de Paris à Nantes, depuis ladite place des Halles du Mans, jusqu'à la lune de Pontlieue, sur 2793 mètres de longueur ; là, elle s'embranche sur ladite route n° 26, passe par Parigné-l'Evêque, et se termine sur la place du marché de Lucé.

N.° 4, *Route de Château-du-Loir à Montoire.*

Cette route part de Château - du - Loir, et a une partie commune avec la route royale, n° 178, de Tours à Caen, depuis la place de Château-du-Loir jusqu'à l'endroit dit la Croix-de-Doulieu, sur environ 3000 mètres de longueur, où elle s'embranche sur ladite route n° 178 ; de là elle se dirige par Marçon, la Chartre, Ruillé, Poncé et finit, pour le département de la Sarthe, au pont de Braye, limite entre la Sarthe et Loir-et-Cher.

N.º 5, *Route de Mamers à Sablé.*

Cette route commence dans la ville de Mamers ; sur une longueur de 3521 mètres 70 centimètres , elle a une partie commune avec la route royale , nº 175, d'Orléans à St.-Malo , depuis la place des Halles de Mamers jusqu'au point où elle s'embranche sur celle nº 175; elle passe ensuite par Fresnay, Montreuil-le-Chetif, la forêt et la ville de Sillé, par les bourgs de Parennes , Chemiré - en - Charnie , Brûlon , Avessé , Poillé , et se termine dans la ville de Sablé , au point de rencontre de la traverse, dans cette ville , de la route royale , nº 179, de Tours à Rennes.

N.º 6, *Route de la Ferté-Bernard à la Chartre.*

Cette route part de la place Saint - Barthelemi de la ville de la Ferté-Bernard, où elle s'embranche sur la traverse, dans cette ville, de la route royale, nº 26 , de Paris à Nantes, elle passe par Vibraye, Berfay, la ville de St.-Calais, Bessé et Poncé. Depuis ce dernier bourg jusqu'à la Chartre, où se termine la route départementale nº 6, cette partie est commune avec la route nº 4, de Château-du-Loir à Montoire.

N.º 7, *Route de la Ferté-Bernard à Mamers.*

Cette route commence aussi sur la place Saint - Barthelemi de la Ferté-Bernard, où elle s'embranche sur la traverse de la route royale, nº 26, de Paris à Nantes ; elle passe ensuite par St.-Antoine-de-Rochefort et la Chapelle-du-Bois ; cette partie présente une lacune à ouvrir de 17,000 mètres.

La

La partie de St.-Côme à Mamers, passant par Champaissant et St.-Remi-des-Monts, est perfectionnée, et
se termine sur la place des Halles de Mamers, à la rencontre de la route royale, n° 175, d'Orléans à St.-
Malo.

N.° 8, *Route de la Fontaine-St.-Martin à Sablé.*

Cette route commence près le bourg de la Fon-
taine-Saint-Martin, où elle s'embranche sur la route
royale, n° 26, de Paris à Nantes, passe par Malicorne,
Parcé et se termine à Sablé, au point de rencontre de
la traverse, dans cette ville, de la route royale, n° 179,
de Tours à Rennes.

N.° 9, *Route de Chateau-du-Loir au Lude.*

Cette route part de Chateau - du - Loir , près
le pont Voisin, où elle s'embranche sur la traverse,
dans cette ville, de la route royale, n° 178, de Tours à
Caen, passe par Vaas, et se termine au Lude, au point
de rencontre de la route royale, n° 179, de Tours à
Rennes.

N.° 10, *Route de Malicorne à la Flèche.*

Cette route s'embranche dans la ville de la Flèche,
sur la traverse de la route royale, n° 26, de Paris
à Nantes, passe par Saint - Germain - du - Val, et se
termine à Malicorne, sur la place du marché, au point
de rencontre de la traverse, dans cette ville, de la route
départementale, n° 8.

N.° 11 , Roüte du Mans à Mamers par Ballon.

Cette route s'embranche au Mans , à la place d'Angoulême , sur la traverse, dans cette ville, de la route départementale, n° 1ᵉʳ, et passe par Coulaines, la Trugale, Souligné-sous-Ballon , la ville de Ballon , Courgains, Mont-Renault, et se termine à Mamers, sur la place des Halles, où elle rencontre la route royale, n° 175, d'Orléans à St.-Malo.

CHEMINS VICINAUX.

« Les chemins sont l'un des plus puissans encouragemens de l'agriculture ; ils en vivifient toutes les parties par la rapide circulation de ses immenses productions. avec des chemins bien entretenus , les travaux agricoles se font plus facilement et d'une manière moins dispendieuse , les transactions entre les cultivateurs et les consommateurs , n'éprouvent aucune interruption ; les ressources se placent à côté des besoins, il n'y a ni abondance décourageante, ni famine réelle ; leur influence sur les propriétés rurales est telle qu'on en a vu dont la valeur a été doublée, triplée; par l'ouverture de nouvelles communications.

Les Romains , pénétrés de ces grandes vérités, ont plus multiplié les chemins, et les ont portés à un plus haut dégré de perfection qu'aucun autre peuple de l'antiquité. Il s'était établi entre de simples citoyens une heureuse rivalité de patriotisme, sur cette importante

partie de l'économie rurale. Les voies Appienne, Fla-
minienne et beaucoup d'autres, étaient l'ouvrage des
familles les plus distinguées de Rome. Ces honorables
titres transmettaient aux générations futures le souvenir
du bienfait et de la reconnaissance. »

« M. de Musset, ancien militaire et l'un des députés du
département de la Sarthe (session de 1811), vit avec
douleur que les mendians, allarmés sur les subsistances,
se répandaient d'une manière effrayante dans les campagnes, et que les travaux étaient diminués, à mesure
qu'ils devenaient plus nécessaires. Ces circonstances
malheureuses le déterminèrent à compléter ce qu'il
avait commencé, depuis plus de 30 ans. Il provoqua
l'établissement d'atteliers, sur le chemin qui conduit de
St.-Calais à Chateau-du-Loir, et qui embrasse une étendue de 4 myriamètres. La moitié en a été ouverte et
redressée; sa largeur portée sur tous les points, a 6
mètres, sans compter les fossés. Des encaissemens en
pierre, des déblais et des remblais ont été exécutés avec
le plus grand soin. M. de Musset a fait des plantations
sur celles de ses terres qui se trouvaient le long du
chemin, et il a donné des arbres à plusieurs propriétaires
riverains. Opposant à tous les obstacles une constance
inébranlable, il a été quelquefois obligé d'acheter la
possibilité d'être utile, pour donner au chemin une
meilleure direction. Des terrassiers, des voituriers, des
femmes et des enfans ont été employés à ces intéressans
travaux, dont la dépense s'est élevée à plus de 20,000 f. La
Société d'Agriculture du département de la Seine, voulant signaler, à la reconnaissance publique, un acte de

patriotisme aussi bien conçu que sagement exécuté ; décerna, dans sa séance publique du 25 avril 1813, une médaille d'or à M. de Musset. »

(*Extrait du rapport fait par M. le baron Petit-de-Beauverger, à la Société d'Agriculture du département de la Seine, 25 avril 1813.*)

PLANTATION DES ROUTES.

On sait combien les arbres, ornement et richesse du règne végétal, sont nécessaires dans l'économie générale de la nature et des arts : leurs racines empêchent l'éboulement des sols en pente ; la décomposition successive de leurs feuilles augmente graduellement la couche de terre végétale, leurs cimes élancées dans les airs, purifient l'atmosphère, et fixent autour d'elles les nuages qui, se résolvant en pluie, portent dans nos campagnes la verdure et la fertilité ; enfin le bois sert à tous nos usages.

La multiplication des arbres intéresse donc essentiellement la prospérité publique. Uu moyen sûr d'atteindre ce but, sans nuire d'ailleurs à l'agriculture, serait la plantation des grandes routes, dont la nudité attriste l'œil du voyageur. Déjà, quelques portions de nos routes sont bordées d'arbres qui embellissent les avenues des villes : mais, plus loin, et à de grandes distances, on chercherait en vain un ombrage, un abri salutaire.

Ce défaut est remarquable dans l'arrondissement de la

Flèche : la plupart des routes qui le traversent, sont susceptibles d'être plantées, en chataigniers, chênes, peupliers, mais surtout en frênes et en ormeaux dont le bois est d'un usage général, pour le charronnage et les trains d'artillerie.

La longueur totale de toutes les routes royales et départementales de la Sarthe, est de 654,040 mètres 36 centimètres, qui doublés, pour les deux côtés de chaque route, donne un développement de 1,308,080 mètres 72 centimètres : ainsi, on pourrait planter 163,510 arbres, espacés entre eux de 8 mètres.

Cependant, suivant les remarques judicieuses de M. Chaubry, l'ingénieur chargé de surveiller ces plantations, doit avoir égard aux accidens du terrain et aux localités. L'ombre que donnent les arbres, sur un sol argilleux ou encaissé de pierres calcaires peu solides, augmente sensiblement l'humidité des routes et les frais d'entretien ; ce qui prouve, qu'en administration, le mieux est quelquefois l'ennemi du bien.

CHAPITRE SIXIÈME.

PHYSIQUE.

Ce chapitre présentera l'analyse des matériaux suivans :

1.° Rapport sur le tremblement de terre éprouvé dans le département de la Sarthe, le 25 janvier 1799, par M. Ledru.

2.° Tableau des ouragans qui ont dévasté la ville de la Flèche et ses environs, les 28 décembre 1803, et 28 janvier 1804, par M. le docteur Boucher.

3.° Quatre mémoires de M. Daudin sur les Pouzzolanes, mortiers, cimens et les chaux, 1808 et 1810.

4.° Observations géologiques sur le Vésuve, et sur les feux naturels des Apennins, par M. Menard-la-Groye, 1813 et 1814.

5.° Mémoire de M. Ledru, sur les Aérolithes, ou pierres tombées du ciel; 1814.

La Physique est la connaissance des phénomènes de la nature, et des lois dont ils dépendent.

On entend par nature, la collection des corps qui composent l'univers, et l'action des lois auxquelles sont soumis ces mêmes corps.

Enfin, on désigne, par le mot phénomène, tout fait naturel, ordinaire ou extraordinaire, et qui tombe sous nos sens : ainsi, la neige, le vent, la lumière, le tonnerre, la pluie, etc., sont des phénomènes.

Tremblemens de terre.

Parmi ces faits variés à l'infini, et dont l'ensemble constitue le grand théâtre du monde, les plus imposans sont les tremblemens de terre, et ces ouragans destructeurs qui font, tout-à-coup, succéder à la parure du printemps, la nudité des plus tristes hivers.

La France, autrefois bouleversée par des feux souterrains, dont les traces existent encore dans les laves, les basaltes et les cratères de nos montagnes volcaniques; la France, dis-je, éprouve rarement, aujourd'hui, les effets de ces épouvantables fléaux.

Tandis que l'éruption de 1755 engloutissait Lisbonne; celle de 1759, Damas; qu'en 1768, un tremblement de terre détruisait Bagdad; que celui de 1778 faisait périr à Smyrne 100,000 habitans; que l'Etna, en 1783, dévorait Messine, et couvrait de cendres la moitié de l'Europe; qu'en 1797, 150,000 hommes étaient ensévelis, par un semblable fléau, dans les vallées du Pérou, notre belle France, favorisée par sa position sur le globe, ressentait à peine quelques secousses de ces catastrophes: heureuse, si depuis, elle n'avait pas éprouvé celles, plus déplorables, des tempêtes politiques!

Cependant, la nature nous avertit quelquefois que des abîmes sont creusés sous nos pas, et que la croute fragile, sur laquelle nous nous agitons, en proie aux vengeances, aux haines, aux passions les plus honteuses, peut, dans un instant, se déchirer et engloutir, à la fois, dans la nuit du tombeau, le trône et la chaumière, les riches et les pauvres.

Lorsqu'en 1750, nos contrées méridionales éprou=
vèrent des secousses violentes, qui s'étendirent jusque
dans la Saintonge, le Maine n'en fut point atteint ;
mais en janvier 1799, cette province ressentit les effets
d'un tremblement de terre qui glaça d'effroi tous les
Manceaux. L'hiver rigoureux de cette année-là date
du 27 décembre 1798, époque où la neige commença
à tomber : elle couvrit la terre jusqu'au 20 janvier suivant, et le 24 elle était entièrement fondue. Dans ce
dernier intervalle, l'atmosphère fut constamment obs-
curcie par un brouillard épais et quelquefois fétide. Le
25, à trois heures et demie du matin, le temps était
calme, il pleuvait légèrement : le thermomètre indiquait
3 degrés au-dessus de la glace. A 4 heures 5 minutes,
on ressentit au Mans et dans presque tout le département,
un tremblement de terre qui fut partagé en deux périodes,
et dura 7 à 8 secondes ; les deux premiers mouvemens se
portèrent, par ondulations, du levant au couchant ;
puis, après un court intervalle, quatre à cinq autres
commotions plus violentes, accompagnées d'un bruit
épouvantable, se firent sentir du nord au sud. Ce qui
rendait le phénomène plus effrayant, c'étaient le cra-
quement des cloisons, des charpentes, et la crainte que
les murs ne s'écroulassent, par suite de l'ébranlement
communiqué aux maisons.

Ces secousses furent assez fortes pour ouvrir des
portes, des armoires et renverser différens meubles ;
plusieurs personnes se sentirent balancées dans leurs
lits. Au Mans, à la Flèche, des cheminées s'écrou-

lèrent; le même jour , à Machecoul et à Bouin (Loire-
Inférieure), quatorze maisons furent renversées.

Les physiciens se sont appliqués à rechercher la cause
de ces phénomènes géologiques qui , trop souvent , ont
ravagé la terre et amèneront, peut-être un jour, la
destruction du genre humain Les uns l'attribuent à
l'élasticité de l'air que renferme le globe ; ce fluide raréfié
par la chaleur, et l'eau vaporisée, acquièrent une force
prodigieuse capable de soulever, de déchirer même, la
croute qui les tient emprisonnés. Les autres expliquent
ces secousses par l'action des gaz qui circulent dans les
entrailles de la terre , et surtout de l'électricité qui
remplit , à l'égard de notre globe, les mêmes fonctions
que le fluide nerveux exerce , suivant plusieurs médecins ,
dans l'économie animale (1). Quand ces fluides s'échappent, leur émission est accompagnée de tremblemens ,
ou devient le présage d'autres phénomènes non moins
à craindre, les ouragans.

Ouragans.

On donne ce nom à l'air animé d'un mouvement très-
rapide , suivant toutes sortes de directions , mais le plus

----

(1) Delamétherie (*journal de physique, janvier* 1816) attribue ces
commotions souterraines , ainsi que les explosions des volcans, à l'action d'un fluide galvanique que les différentes strates du globe exercent
les unes sur les autres.

Ces strates , soit pierreuses , soit métalliques , sont de véritables piles
galvaniques analogues à celles de Volta.

souvent circulaires. Ces vents impétueux occasionnent les plus funestes ravages : ils déracinent les arbres, enlèvent les toits des édifices, transportent au loin les animaux qu'ils ensévelissent sous le sable ou sous des débris. Dans la zone torride, où les principes de vie comme ceux de destruction, je veux dire la chaleur et l'humidité, sont doués d'une activité prodigieuse, ce météore est accompagné des circonstances les plus destructives.

Dans nos climats tempérés, le même phénomène a principalement lieu vers l'époque des solstices et des équinoxes.

Plusieurs communes du département de la Sarthe éprouvèrent, en décembre 1803 et janvier 1804, l'effet destructeur des ouragans : voici le tableau de ceux qui ravagèrent, à cette époque, la ville de la Flèche.

« Le 28 décembre 1803, vers les 4 heures du matin, il s'éleva un vent impétueux du sud-ouest; peu à peu il augmenta de manière que, vers 6 heures, les sifflemens de l'air et les secousses des maisons portèrent l'inquiétude dans les esprits; à 7 heures, la tempête était au plus haut dégré, et subsista dans toute sa violence jusqu'à 8 heures et demie.

Pendant ce temps, une grêle affreuse d'ardoises volait dans les rues, plusieurs entraient dans les appartemens après en avoir brisé les vitres. Les cheminées tombaient sur les toits, et roulaient avec fracas sur le pavé. La rivière mugissait; ses flots s'élevaient à 12 pieds de hauteur, et envoyaient au loin leur écume; les piliers du pont des Carmes en étaient si violemment battus que, malgré la hauteur des arches, la lame passait par-dessus.

« Les citoyens osèrent enfin, après une heure et demie
des plus vives inquiétudes, sortir de chez eux; les rues
présentaient le spectacle le plus triste, par les débris
d'ardoises et de briques : si on élevait les yeux, les toits
dégarnis ou crévés n'en présentaient pas un moins dou-
loureux ; il semblait que la ville venait d'être bombardée.

On sent combien les maisons élevées ont dû souffrir,
le château de la Varenne (1) offre le moyen d'en juger.
On voit des lames en plomb du faîtage, pesant plus de
150 livres, brisées et détachées ; une d'elle, par la violence étonnante d'un tourbillon, a été contournée sur
elle-même.

Le collége est dans l'état le plus désastreux ; la toiture
de la salle des actes et celle de la bibliothèque sont presque détruites.

L'hospice a encore plus souffert ; une énorme cheminée en tuffeau renversée, malgré une barre de fer,
a rompu les chevrons, brisé deux planchers et fait une
ouverture de seize pieds en carré. Toutes les ailes ont
plus ou moins souffert; trois autres cheminées ont été
renversées.

L'église paroissiale a son toit percé à jour et son clocher en grande partie découvert.

Les dommages que la campagne a éprouvés sont incal-

---

(1) Construit, vers la fin du 16e siècle, par Guillaume Fouquet, mar-
quis de la Varenne, favori d'Henri IV ; ce monument était le plus
magnifique de la Flèche, après le collége. Cette ville doit se repentir
d'avoir souffert la destruction [1820] d'un tel château qui se ratta-
chait à l'histoire de l'Anjou et rappellait de grands souvenirs.

'culables ; le vent est plus brisé dans une ville, et il déploie
sa force avec une plus grande violence dans les plaines.
Aussi les maisons des colons, les étables, les granges
ont non seulement été endommagées dans leur couver-
ture et leur charpente, mais encore dans leurs murs ;
plusieurs pignons ont été renversés, d'autres murailles
se sont écroulées dans presque toute leur étendue.

Un très-grand nombre d'arbres a été renversé ; cette
perte est de la plus haute importance : les noyers, les
pommiers les plus vigoureux, et qui étaient d'un grand
rapport, n'ont pu tenir contre la tempête, et c'en eut
été fait de toutes espèces d'arbres, si leur tête avait été
garnie de feuilles ; toutes les meules de paille ont été
soulevées, quelques unes dispersées au loin.

Tel est l'état déplorable où nous sommes réduits, à la
ville et à la campagne. On estime qu'il faudra plus d'un
an pour réparer toutes les maisons ; les dépenses seront
excessives, parce que l'ardoise ne peut plus nous venir
par eau, faute de bateliers.

Ce vimaire n'est comparable qu'à celui éprouvé en
1725, le 18 décembre, et qui enleva la superbe flèche
de l'église paroissiale de St.-Thomas (1). Il s'en est peu

---

(1) « Le 18 décembre 1725, la ville de la Flèche éprouva les hor-
reurs du plus furieux de tous les ouragans ; à onze heures trois quarts
du matin, il s'éleva un vent si impétueux que rien ne put résister
à ses coups funestes. Bientôt il parvint à ébranler la flèche du clocher
de St.-Thomas ; peu à peu il l'enleva et la porta toute entière au-
dessus de la voûte du chœur. Cette masse d'un poids énorme et d'une

fallu que nous n'ayons encore perdu le reste de notre
décoration, dans ce genre ; on a vu à plusieurs fois le
sommet du dôme du collége et celui de sa tour, hous-
siner dans les airs et pencher d'une manière effrayante.
La veille, on apperçut, à 8 heures du matin, au sud,
une lumière vive, étendue et ressemblant à une belle
aurore.

Le soir de cette journée, il parut autour de la lune,
qui était dans son plein, un, cercle brillant qu'on eut
pris pour une partie de son disque. Le baromètre était
à 27 pouces ; puis il remonta tout-à-coup, après la tempête ; le thermomètre était au tempéré. Peudant l'ouragan, les nuages étaient gros, et se précipitaient rapidement les uns sur les autres.

A peine les habitans de la Flèche, et ceux des environs,
étaient-ils revenus de l'effroi que leur avait occasionné

---

hauteur de 80 pieds, balottée et entraînée par l'orage, resta quelques
minutes suspendue dans les airs, et tomba ensuite sur la maison du
sieur Devives, qui fut tué par cette chute imprévue.

Le même ouragan causa beaucoup d'autres ravages, tant à la Flèche
qu'aux environs ; il culbuta la grange du collége, tua le nommé Du-
breuil, blessa plusieurs Fléchois, fit de grands dégats aux bâtimens
des Carmes, enleva toutes les ardoises du château de la Varenne, et
celles de l'église de St.-Thomas ; renversa la porte de ville située à
l'entrée de la Boirie ; déracina beaucoup d'arbres d'une grosseur prodigieuse, et découvrit presque tous les bâtimens de la campagne.

A la suite de ce terrible ouragan, on eut des pluies si abondantes,
qu'elles occasionnèrent un débordement considérable du Loir.

(*Essais historiques sur la ville et le collége de la Flèche, par
M. de Burbure*, 1803, in-8° pag. 236)

la tempête du 28 décembre 1803; à peine, quelques uns avaient fait des sacrifices, pour réparer leurs pertes, que le ciel se plut encore à faire passer sur leurs têtes, et à une hauteur peu élevée, un amas de gros nuages poussés avec force par un vent impétueux, soufflant, comme le premier, du sud - ouest. Le 28 janvier 1804, vers les 7 heures du matin, les premiers sifflemens se firent entendre; bientôt ce furent des mugissemens; l'air devint d'un clair obscur, les toits furent ébranlés, les ardoises en furent encore détachées. Obligé par notre profession de sortir dans les rues, dit M. Boucher, nous fumes à portée d'observer les balancemens violens du globe en plomb, qui surmonte le dôme du collége. Les maisons qui ont éprouvé le plus de dommages, sont encore celles qui avaient essuyé toute la force du premier ouragan; ce qui est dû à la même direction du vent : plusieurs de ces maisons avaient déjà été réparées, et les endroits dont les ardoises ont été enlevées, sont précisément ceux qui venaient d'être recouverts; il y a lieu de croire que ceci est dû en partie à ce que les clous étaient encore lisses, tandis que les anciens, un peu rouillés, devaient mieux tenir.

La campagne a souffert, dans le même sens et de la même manière. Quelques arbres, parmi lesquels sont des chênes, ont été renversés.

Pendant ce grand mouvement de l'atmosphère, qui a duré environ six heures, le baromètre était descendu à 27 pouces 3 lignes; la température était douce.

Il résulte de ce nouveau désastre une double perte pour quelques particuliers, qui, par une juste sollicitude, avaient voulu mettre à l'abri leurs greniers, et tous en général sont très-incommodés, à raison de la fréquence des pluies. »

Des ouragans à peu près semblables se sont fait ressentir au Mans les 8 et 27 juin 1804, à trois heures du soir, vent nord-ouest ; le 6 juillet 1807, vent sud-sud-est, et le 21 janvier 1814. A cette dernière époque, on ressentit un tremblement de terre dont les secousses se dirigeaient du midi au nord.

Pouzzolanes et mortiers.

M. l'ingénieur Daudin, livré aux travaux de la navigation intérieure, a publié plusieurs mémoires, sur la manière d'utiliser les différentes terres qui peuvent être employées dans les constructions hydrauliques.

1.º Mémoire sur les pouzzolanes en général, et sur les avantages que peuvent procurer, à la France, des établissemens de pouzzolanes artificielles. Le Mans, 10 janvier 1808, in-4º, 17 pages.

Dans cet opuscule d'un haut intérêt, l'auteur affirme que le sol de la France récèle un grand nombre de substances qui, manipulées par des mains habiles, peuvent remplacer, avec beaucoup d'économie, dans les travaux hydrauliques, les produits volcanisés, qu'on importe à grand frais, de la Hollande et de l'Italie, sous les noms de Trass et Pouzzolanes. « Chaque jour, dit M. Daudin, nous foulons aux pieds des analogues qui, pour devenir utiles, n'ont besoin que d'être élaborées par l'art. »

2.º Réflexions sur l'origine et la nature des mortiers ; sur la chaux et le sable qui les composent. .. leur solidité, et l'importance de leur bonne qualité, pour la durée de nos constructions. 1ᵉʳ mars 1808. Le Mans, in-4°, 26 pages.

L'auteur fait ressortir l'insouciance habituelle des ouvriers, dont le travail est dirigé par une aveugle routine, et la nécessité de soumettre la manipulation des cimens, à une pratique éclairée.

3.º Recherches sur le temps qu'exige l'immersion des cimens de pouzzolanes, pour acquérir la solidité que réclament nos constructions hydrauliques ; et sur les moyens de donner, au mortier ordinaire, la dureté des mortiers romains. 28 juillet, 1808, in-4°.

L'auteur base son système sur le principe suivant, qui lui paraît fondamental.

« Lorsqu'un ciment est composé de pouzzolane naturelle ou artificielle, ou de toute autre substance qui a la propriété de durcir dans l'eau, et d'y prendre ainsi la consistance d'un corps pierreux, on ne doit l'immerger que six à huit heures après sa fabrication, à moins qu'il ne soit le produit immédiat d'une amalgame avec la chaux vive sortant du four ; car dans ce cas, il a déjà acquis la dureté qu'exigent les cimens, avant de les plonger dans l'eau : cette solidité, en général, doit être telle que, dans tous les cas, le doigt n'y fasse plus qu'une légère impression.

Dès que le ciment immergé est resté une heure ou deux dans l'eau, sans se dissoudre, on est assuré qu'il continuera de s'y durcir. »

4.º

(97)

4.° Examen analytique des carbonates de chaux grasses
et maigres , de leur nature, de leurs propriétés et de leurs
proportions, dans la composition des cimens et mortiers , imprimé au Mans , 1810, in-4°, 15 pages.

L'auteur analyse, dans ce mémoire, les meilleures
chaux du département, propres aux constructions hydrauliques , telles que celles de Chahaigne, la Chaume,
Dissai et Maresché.

Phénomènes du Vésuve.

M. Menard de la Groye a publié un mémoire très-inté-
ressant de géologie et de minéralogie, intitulé :

Observations avec réflexions sur l'état et les phénomènes du Vésuve, pendant une partie des années 1813
et 1814. Paris 1815, 98 pages in-4°.

« Je suis monté sept fois , dit l'auteur, jusqu'au sommet du Vésuve, et j'ai eu l'avantage de le voir dans des
états différens. Il y a beaucoup de volcans, la plupart
même sont plus grands et plus terribles que celui-ci ;
mais il est difficile qu'il en puisse exister un plus ins-
tructif, et plus commode à observer. » Après ce début,
M. Menard décrit rapidement les principales éruptions
qui ont précédé celle de 1813.

« Le 25 décembre de cette année, vers quatre heures
et un quart, une forte explosion, semblable à un coup de
canon de gros calibre, se fit entendre à Naples , et fut le
signal qui réveilla l'attention des habitans de cette grande
ville , indifférens, pour l'ordinaire, à de moindres effets ;
à six heures, détonation des plus violentes : un tapage

horrible, et qu'on ne pouvait comparer qu'à celui de plusieurs batteries de la plus forte artillerie, des secousses notables qui brisèrent la plupart des vitres du château de Portici, etc., d'énormes globes de fumée qui s'entassaient....; enfin une colonne de feu continue et haute comme la moitié de la montagne, avec des projections réitérées de pierres ardentes, tels étaient les symptômes de ce terrible phénomène. Pour donner une idée d'un tel spectacle, il faudrait multiplier la belle girandole de Rome par un million de fois, et la faire durer de deux à trois heures..... Tous les paysans de la montagne s'étaient enfuis, et les habitans des villages et des villes, situés au pied, avaient commencé bientôt à faire de même. Personne n'osait se tenir dans les rues de Resina, à cause des grosses pierres qui tombaient ainsi que des bombes.

Le 26 au matin, l'éruption croissait en furie, les détonations étaient affreuses, et parmi les pierres qui tombaient, il y en avait qui éclataient comme des coups de fusil. Vers midi, l'épouvante était à son comble : dans Naples même, la plupart des maisons étaient en commotion, et beaucoup de vitres se cassèrent au palais du Roi.... Cette éruption était venue après des pluies presque continuelles, pendant les mois de novembre et décembre. »

M. Ménard, avide de nouvelles connaissances, fit, le 8 février 1814, une dernière ascension, au sommet de la montagne alors dans un état de calme et de tranquillité, qui permettait à l'observateur intelligent d'exa-

miner les résultats de la dernière explosion. Il arrive au
bord du cratère, laissons-le parler :

« Pourrai-je en donner une idée juste...! je demeurai
en extase à sa vue. Il n'était pas possible de le découvrir
mieux et de le voir plus beau. Plus tard, on aura pu y
descendre, on aura pu du moins en faire le tour, et
l'examiner sous tous les aspects, le décrire avec précision et de sang-froid; mais le grandiose, le magique
en aura disparu! Tel qu'il était alors, on ne peut mieux
se figurer l'entrée de l'enfer poétique. Le mouvement,
la mort, l'expansion, l'abîme, la fumée, la neige, le
froid et le chaud, le silence et la tempête; l'obscurité
redoutable des entrailles de la terre et la douce lumière
du ciel le plus pur; les vives couleurs des laves, le chaos
produit par les scories, les pierres et les quartiers de
rocher arrachés du fond du sol; les irrégularités de ce
sol, ses crevasses, la confusion, et pourtant la forme
simple d'un cône renversé compris dans un cône droit;
enfin, les contraires, les seuls élémens paraissant régner
ici et se combattre, mais avec ordre, mais avec majesté...! Ce cratère doit avoir un tiers de mille de largeur : il paraît le double. Sa figure est celle d'un entonnoir, mais à parois inégales : du côté du nord et de l'est,
il est escarpé; du côté de l'ouest, on y pourrait descendre si l'on appercevait le terme du fond. Nous ga-
gnâmes un espèce de large dégré ou de bord inférieur,
situé sur ce côté; mais, quoique nous vissions beaucoup
mieux alors, nous ne pûmes découvrir ce qui faisait ce
terme; il était masqué par une saillie de la partie
inférieure de l'entonnoir. Nous y fîmes rouler d'énormes

scories, nous n'entendions point la fin de leur chute : il ne paraissait pourtant pas que ce fond fût très-bas. Il était difficile d'estimer la hauteur du cône renversé, vu les inégalités du bord qui forme la base ; je la supposai d'un huitième de mille. »

L'auteur en essayant d'expliquer les phénomènes variés que présentent ces épouvantables détonnations, semble adopter l'opinion de Kircher, de Buffon, et surtout de Dolomieu, il pense que les volcans peuvent atteindre à une profondeur où l'intérieur du globe serait encore fluide : ainsi, les laves ne seraient que des portions d'un même bain général, agitées et soulevées par une espèce d'effervescence, enfin vomies à la surface par le moyen de ces puits ou bouches, extrémités de longs soupiraux que la sage nature aurait ainsi réservés à dessein, pour prévenir la rupture de la croute de notre planète.

Le mémoire de M. Menard a été lu, par extraits, à l'Institut, dont l'auteur est correspondant, les 23 et 30 janvier 1815. La classe approuva le rapport qui lui en fut fait par ses commissaires, MM. Humboldt, Gay-Lussac, Ramond, et en adopta les conclusions.

Il est inséré au journal de Physique, 1815, et dans la Bibliothèque universelle, 1816.

Feux naturels des Apennins.

Le même auteur a publié des Observations sur les feux naturels de Pietra-Mala et de Barigazzo, dans les Apennins de Florence et de Modène, qu'il avait étudiés en 1813 et 1814, époque de ses voyages en Italie.

« La plupart des livres de géographie, dit-il, concer-
nant cette belle partie de l'Europe, font mention de
quelques uns de ces feux singuliers, que la nature entretient perpétuellement à la surface de la terre, sans
apparence d'aucun combustible. Spallanzani, entr'autres,
décrit ceux de Barigazzo. « M. Ménard, que le goût de
la science a conduit sur ces lieux, en donne une nouvelle description. Les feux naturels dont il s'agit, sont
exactement les mêmes que les flammes artificielles qu'on
obtient du gaz hydrogène, pour servir à l'éclairage,
aujourd'hui généralement employé, dans les grandes
villes.

1.º L'aliment de tous ces feux est le gaz hydrogène
carboné, dont l'émanation a lieu au travers du sol,
comme par un filtre, sans qu'on vo.e à la surface aucune
fente ni ouverture.

2.º Ce gaz ne prend feu que lorsqu'il est allumé, de
main d'homme, ou par quelque accident.

3.º L'inflammation a lieu sans détonation, et n'est
accompagnée d'aucune fumée. Elle est d'un beau bleu
d'azur, qui ne se voit que pendant la nuit.

4.º Le vent est incapable d'éteindre la flamme, ou
bien elle se rallume l'instant d'après ; une pluie mo-
dérée l'avive plutôt que de l'abattre.

L'auteur indique ensuite les feux analogues, ou absolument semblables, qu'on rencontre en différentes parties du monde. Il avoue, avec la modestie d'un véritable
savant, que l'origine de cet hydrogène intarissable,
reste encore inconnue.

L'analyse de ce mémoire, lu à la séance publique de

la Société Royale des Arts du Mans, le 27 décembre
1816, est insérée dans le nouveau Dictionnaire d'Histoire
naturelle, 2.e édit. tom. 15, art. Hydrogène, p. 463.

Aérolithes, ou pierres tombées du ciel.

Les discussions philosophiques, bien différentes des
querelles politiques et religieuses, qui ont trop souvent
ensanglanté la terre, n'ont d'autre but que la recherche
paisible de la vérité, dans l'explication des phénomènes
de la nature.

Tels sont les sentimens divers proposés de nos jours,
sur l'origine des aérolithes.

On a douté long - temps qu'il tombât des pierres
du ciel, et l'on regardait comme fabuleuses les pluies
de pierre, mentionnées par Tite-Live (1), Pline (2), et
par les historiens du moyen âge (3). Ce fait étonnant est
aujourd'hui constaté d'une manière authentique ; on
peut voir, dans les plus riches cabinets de l'Europe, des
masses pierreuses dont quelques unes pèsent plus de
500 livres, et qui sont tombées sur différens points du
globe, depuis Bénarès (Indes orientales) 1798, jusqu'au
Connecticut (Etats-Unis d'Amérique) 1807, cette dernière du poids de 450 livres.

Le Muséum du Mans possède un fragment d'aérolithe

---

(1) Opera... Lugduni 1621 in-4°... ad indicem « *Lapidum pluvia.*
(2) Pline, hist. nat. livr. 2. ch. 58 *De lapidibus è cœlo cadentibus.*
(3) Consultez les tables de dom Bouquet,

tombée en 1811, à Chantonay, département de la Vendée, et qui, lors de sa chute, pesait 69 livres. Ce morceau précieux a été donné par M. Daudin.

Des fragmens semblables ont été ramassés en Angleterre, en Italie, en Espagne, dans le Portugal, la Bavière et la Bohême.

La France paraît être, jusqu'à ce jour, le pays de l'Europe où le même phénomène a été le plus souvent observé. Nous ne parlerons point des aérolithes de l'Artois, du Lyonnais, de la Bresse, du Cotentin, de l'Alsace, ni de celles tombées aux environs de Laïgle, en 1803, d'Orléans, en 1811, et d'Agen, le 5 septembre 1814 (1); bornons-nous aux pierres du même genre ramassées dans le Maine.

Le 13 septembre 1768, à la suite d'un coup de tonnerre, à quatre heures et demie du soir, on vit tomber des pierres, sur les terres du château de la Chevalerie, près la petite ville de Lucé. L'abbé Bachelier en adressa trois à l'Académie des Sciences de Paris, qui chargea MM. Lavoisier, Fougeroux et Cadet de les examiner ; voici le résultat de leur rapport : la pesanteur spécifique

---

(1) Mémoire sur la chute des pierres, par M. Bigot-de-Morogues, correspondant de la Société des Arts du Mans. Paris, Merlin in-8º 1812. Voyez *Journal de physique*, 1812. 43, 1813, 68. Voyez aussi *Journal de Paris* 16 janvier. *Moniteur*, 23, 27 mars. *Journal de physique*, septembre 1814.

Observations sur la chute des pierres et sur les aérolithes, par M. Marcel de Serres, in-8º 1814.

(104)

était de 3, 58. Elles donnèrent à l'analyse, sur 100 parties, savoir :

Soufre. . . . . 8 1/2.
Fer. . . . . 36.
Terre vitrifiable (silice). 55 1/2.

Ces pierres d'un gris cendré, pâle, et parsemées d'une
infinité de petits points brillans métalliques, tirant sur
le jaune, étaient revêtues d'une couche très-mince de
matière noire, qui paraissait avoir été fondue. Cette
couche donnait des étincelles, au choc du briquet;
mais, la percussion à l'intérieur n'en dégageait aucune.
Attaquées par l'acide muriatique, ces pierres répandaient
une odeur hépatique très-intense. (*Acad. des Sc. p.* 20.
et journ. de physique.)

Le même phénomène a été observé le 29 septembre
1799, à St.-Ouen près Chantenay. Un journalier occupé
à battre du blé, dans l'aire de la métairie du Pin, vit
tomber à ses pieds une aérolithe, du poids de 9 livres 7
onces, et dans un tel état d'incandescence, qu'à peine
pouvait-on la toucher. Sa chute fut signalée par un
violent coup de tonnerre.

On connaît trois fragmens de cette dernière pierre;
l'un, dans la collection de l'Hôtel des Monnaies, à Paris;
l'autre, au Muséum de Nantes, et le troisième dans
celui de notre département : ce dernier provient du
cabinet Maulny.

Quelle est la cause d'un phénomène aussi extraordinaire ? D'où proviennent ces masses pierreuses que le
ciel semble lancer sur la terre ?

Quelques physiciens pensent qu'elles sont vomies par

les volcans de notre globe. Mais., comment admettre
qu'un volcan puisse lancer, à la distance de 4 à 500
lieues, des corps étrangers à ses déjections ordinaires,
et du poids de 7 à 800 livres, sans laisser, dans l'espace
intermédiaire, aucune trace d'une aussi terrible explosion?

Patrin suppose que ces masses existent dans la terre,
et ne sont mises à découvert que par le contact de la
foudre. Mais, pourquoi ces pierres ne seraient-elles
visibles qu'à l'aide de la foudre? Pourquoi le soc et la
bêche du cultivateur ne les rencontrent-ils jamais?

M. Proust conjecture que les aérolithes proviennent
de cette immense calotte sphérique qui environne les
pôles : arrachées de leur berceau par une force majeure,
elles parcourent les plaines de l'atmosphère, enveloppées
dans le tourbillon d'un météore inconnu, et tombent
avec explosion, lorsque la cause qui les tenait suspendues cesse d'exercer sa puissance. Mais, qu'elle est
cette double force? d'où vient ce prodigieux mouvement
de rotation, contraire aux lois générales de la nature,
et qui porterait ces pierres, de l'axe du monde, vers
l'équateur.

Enfin, pourquoi les hardis navigateurs qui sont récemment parvenus jusqu'aux environs du pôle, n'ont-ils
rencontré, dans les régions glaciales, aucune substance
minérale qui ressemblât aux aérolithes?

M. Izarn a cru trouver, dans l'atmosphère même, les
matériaux de la pierre céleste. En effet, on sait qu'il
n'y a pas de métaux que le calorique et le gaz hydrogène ne puissent volatiliser : or, dans les mines et les
volcans, laboratoires immenses de la nature, combien

de matières solides sont continuellement sublimées et décomposées? Alors, portées par leur légèreté spé-cifique dans les hautes régions de l'atmosphère, elles y demeurent à l'état gazeux, jusqu'au moment où elles se condensent, et forment un corps solide par l'élec-tricité qui, en brûlant les gaz, détermine l'attraction moléculaire de ces diverses substances. Cette opinion, quoique très-ingénieuse, a été réfutée par Fourcroy et M. Vauquelin, qui ont démontré l'impossibilité que la silice, le fer, la magnésie, substances très-pésantes, pussent exister long-temps suspendues dans l'atmos-phère, et y former ensuite des masses de 7 à 800 livres.

J'ajoute, à l'appui de cette réfutation, que si les matériaux de la pierre céleste provenaient de notre globe, d'où ils se seraient échappés, sous la forme gazeuse à l'aide du calorique, ils devraient offrir autant de combi-naisons différentes qu'il y en a, par exemple, dans les tourbières de la Hollande, les marais de la Guyane, les houilles de l'Angleterre, les déjections volcaniques et les mines de Sibérie et du Pérou, etc., etc.

Cependant, toutes les aérolithes tombées sur différens points du globe, depuis le Gange jusqu'au Mississipi, se ressemblent si parfaitement, et sont composées de prin-cipes tellement identiques, qu'il est presque impossible de les distinguer les unes des autres. Soumises à l'ana-lyse, elles présentent des substances connues, la silice, la magnésie, le fer, le nickel : mais, considérées dans leur ensemble, elles n'ont aucune analogie avec les dé-jections volcaniques, et ne ressemblent à aucun composé minéralogique trouvé à la surface de notre globe.

. Frappés de ces caractères singuliers, MM. Laplace
et Biot ont cherché, dans le système général de la
nature, la solution du problême : réfléchissant sur la
loi qui balance et attire tous les globes, en raison directe
des masses et inverse du carré des distances, ils ont
émis l'opinion que les aérolithes pouvaient être lancées
sur la terre, par les volcans de la lune.

Dans cette conjecture basée sur la distance moyenne
de la lune à la terre (86,000 lieues) et leurs densités
relatives, qui sont entre elles comme 49 est à 1 ; ces
célèbres physiciens ont établi qu'une éruption volcanique
lunaire, dont l'intensité serait seulement quintuple de
de celle qui chasse un boulet de 24, pourrait lancer de
la lune un corps, à une hauteur suffisante pour qu'il
dépassât la limite de sa force centripète. Plongé alors
dans la sphère d'activité où s'exerce l'attraction terrestre,
le corps grave obéirait nécessairement à cette nouvelle
puissance, et arriverait jusqu'à nous.

Toutes ces explications d'un phénomène extraordinaire, sont plus ou moins ingénieuses : aucune peut-
être n'est rigoureusement vraie.

De l'influence du fluide électrique sur les végétaux,
par M. Feburier.

Extrait d'un rapport fait à la Société des Arts, par
M. Houdbert, secrétaire, 1817.

De tous les phénomènes dont l'esprit investigateur des
hommes a surpris le secret de la nature, il n'en est pas

de plus merveilleux, de plus digne d'attention que l'électricité; il n'en est pas encore qui, en amusant leur
curiosité, ait plus intéressé leurs recherches par des
espérances. Aussi son étude avait-elle, dans le siècle
dernier, excité une émulation qui tenait de l'enthou-
siasme : la théorie du fluide électrique était devenue
presque populaire. Qui n'a pas vu, ou fait mouvoir cet
appareil qui, à l'aide d'un globe ou d'un plateau rond
de cristal, frotté par des coussins de taffetas gommé,
mis en communication avec un cylindre métallique,
élance sur les différens corps qui lui sont présentés, des
étincelles rayonnantes, qui pétillent, éclairent, brûlent,
atterrent par des commotions violentes, et semblent le
feu céleste que le téméraire Salmonée déroba à Jupiter?
Mais si le moyen d'imiter ce météore fulminant qui,
dans les temps d'orage, jette la consternation sur la terre,
est à la portée du commun des hommes, beaucoup de
praticiens célèbres avaient paru, jusqu'à nos jours, ignorer
l'identité qui existe entre les électricités factices et le
grand électrophore de la nature, beaucoup ne voyaient
dans l'explosion de ces feux qu'un objet de récréation
physique, et dans leur existence latente au sein de la
matière, qu'une modification des corps, dont l'application essayée avec peu de succès à la guérison de certaines maladies, ne pouvait plus utilement occuper les
arts. Dès lors, l'étude de l'électricité sembla quelque
temps, un pur amusement des esprits curieux.

La découverte du galvanisme, et plus tard, de lumineuses conjectures, sur d'autres propriétés de ce feu
élémentaire, ont reveillé l'attention des physiciens et

ranimé leurs espérances. Parmi eux se recommande M.
Feburier, membre de la Société royale d'Agriculture de
Versailles, également versé dans les sciences physiques
et agricoles, qui s'est assuré par plusieurs années
d'expériences, jointes à des raisonnemens qui paraissent
sans replique, que le fluide électrique est dans les mains
du Créateur, le grand principe qui anime la nature, et
la cause du mouvement de la sève dans les végétaux.

La terre, est le vaste réservoir du fluide électrique;
c'est-là que le fluide se dépose, ramené de tous les points
de l'atmosphère. Le globe et la masse d'air qui l'enveloppe
sont emportés par un mouvement commun extrêmement
rapide, et sont en même temps mus l'un sur l'autre par
une grande variété de froissement. Ne peut-on pas considérer l'atmosphère comme le plateau de l'appareil électrique, la terre comme son frottoir, et les nuages comme
les conducteurs isolés de cet appareil? Comme par son
mouvement de rotation sur son axe, le globe terrestre
éprouve contre son enveloppe aérienne, un frottement
qui stimule le fluide électrique pous é au-dehors tant
par la force centrifuge, que par l'attraction du soleil;
alors, suivant le système du célèbre de Saussure, il se
forme une marée électrique qui a son flux et reflux.

Dès que le soleil paraît sur l'horizon, il agit sur les
végétaux et attire le fluide électrique qui se dégage
d'abord de leurs sommités, ensuite, et par dégrés, de
leurs parties inférieures : ce fluide entraîne avec lui à son
tour le fluide aqueux des végétaux qui a pour lui beaucoup
d'affinité et lui sert même de conducteur. Le gaz oxygène

qui se combine avec le liquide, en suit la marche, il se dégage des substances auxquelles il est uni, et s'élance dans l'atmosphère en délaissant l'acide carbonique plus pesant que lui ; ces substances sont successivement remplacées par d'autres de même nature, qui s'échappent de proche en proche des branches immédiatement inférieures, jusqu'aux racines et au réservoir commun : il s'élève tant que l'attraction solaire continue son action, puis reste quelque temps stationnaire ; mais, vers le coucher du soleil, ces fluides retombent par la force gravifique sur la surface de la terre, pénètrent les végétaux, en remplissent les pores et r'entrent, après qu'ils les ont saturés, dans leur commun réservoir.

Si on compare ce mouvement avec celui de la sève, on en reconnaîtra l'identité.

La sève monte avec la marée électrique, le matin ; elle reste ensuite après midi quelque temps stationnaire, puis elle redescend au coucher du soleil avec le fluide et les autres substances qui y sont attachées.

Telle est la marche constante, à moins qu'un nuage n'interrompe l'action attractive du soleil et alors la sève baisse : dès que cet astre cesse d'agir sur le fluide, celui-ci n'agit plus sur la sève. C'est donc à son impulsion qu'on doit l'action végétative qui anime et enrichit la nature.

La lune dérange aussi les effets produits par l'attraction sur les fluides. On a souvent remarqué que la sève ne descend pas au même degré, quand à l'époque de son plein, ou plutôt un peu avant, la lune paraît au coucher du soleil ; l'opinion des jardiniers n'est donc pas denuée de fondement, que la lune a de l'influence sur les végétaux ; influence qui augmente quand la lune est dans son plein, ou éclaire davantage : à ces exceptions près, la marche du fluide électrique, du gaz oxygène et de la sève est uniforme.

Dès que les rayons du soleil frappent les végétaux, le gaz oxygène ou air vital qui y est renfermé en abondance, s'échappe par les pores de leurs feuilles, ce dont il est facile de s'assurer en plaçant des feuilles sous l'eau et en les exposant au soleil dans cet état ; fait qui d'ailleurs devient sensible par le simple raisonnement. Si le gaz oxygène, au lieu de s'élever dans l'atmosphère, y descendait, nous en serions saturés au milieu du jour ; on sait que c'est avant le lever, comme après le coucher du soleil, que nous respirons plus librement, parce que l'air vital est en plus grande abondance dans l'atmosphère.

Comment ce gaz oxygène, ou air vital, plus pesant que l'air, s'élève-t-il dans l'atmosphère? ce ne peut être par le moyen du calorique, puisqu'il n'est point l'agent vital dont ce gaz est doté, mais par le fluide électrique, ainsi qu'il a été énoncé précédemment. Ce dernier a bien plus éminemment que le calorique la propriété combustive, puisqu'il dissout les acides et les alkalis, c'est-à-dire, met à nud leur *sodium* et *potassium*.

Enfin le savant agronome insinue par une foule de faits et d'observations qui semblent irréfragables, que le fluide électrique n'est autre chose que le fluide lumineux. Toute sa doctrine qu'il développe par des théories appuyées d'un grand nombre d'expériences nouvelles, se réduit aux propositions suivantes :

Deux mouvemens se manifestent dans l'électricité de notre globe, l'un au lever, l'autre au coucher du soleil, on les nomme marées.

Leur analogie avec l'ascension et la descente de la sève dans les végétaux est incontestable; de là l'influence du fluide électrique sur les mouvemens de la sève, il agit par un mouvement de vibration que lui imprime la présence du soleil.

Il s'associe le fluide aqueux des végétaux, composé en très-grande partie de gaz oxygène, et s'élève avec lui par l'attraction solaire.

Quand cette attraction fait monter le fluide, la sève monte aussi, quand le courant électrique diminue, la sève baisse; la sève remonte au moment où le fluide électrique descend, par l'effet propre de l'attraction électrique qui la domine, et descend de nouveau par son propre poids, avec le fluide électrique qui se rend au réservoir commun.

Cette marche est constante et n'est dérangée que par l'intervention des nuages et de la lune.

Ce n'est point le calorique qui constitue le gaz oxygène de 85 parties sur 100, mais bien plutôt le fluide électrique; 1.º parce que le calorique n'est point l'agent principal de la respiration, de la combustion, de la formation de l'eau, etc., toutes propriétés plus éminemment remarquables dans le fluide électrique, qui a de plus la vertu de contracter, que n'a pas le calorique; 2.º parce que ce fluide ajoute à l'énergie de l'air qu'on respire,

H

il produit la flamme, tandis qu'il est prouvé que le calo=
rique n'est point lumineux.

C'est donc à l'électricité plutôt qu'au calorique, que
l'oxygène doit ses plus belles propriétés ; tout d'ailleurs
porte à croire que ce fluide et le fluide lumineux, sont
identiques ; en effet, à l'apparition du soleil, le gaz oxygène sort des végétaux et autres substances, ce qui est
prouvé jusqu'à l'évidence. Plusieurs de ces substances
deviennent lumineuses, du moment qu'elles sont ex-
posées aux rayons de cet astre ; les terres mêmes qui
contiennent un acide sont phosphorescentes par inso-
lation. Le fluide lumineux qui y était en repos, éprouve
donc à l'aspect du globe solaire, un mouvement de vibration qui produit la lumière, et cette lumière est due à
l'électricité.

On ne peut dire que ce fluide, dans son état de repos,
soit une substance froide. Ce qui est incontestable, c'est
qu'il chasse des corps le calorique libre, en neutralise
les effets et produit, quand il s'insinue lentement dans
un corps la sensation du froid et la congélation : c'est
par son union que l'eau glacée accroît son volume et
c'est par lui que se forme la neige et la grêle.

La lumière est reconnue pour être le principal
agent de la végétation, c'est par son action qu'on par-
vient à en expliquer tous les phénomènes, et ce fluide
a des rapports si certains avec l'électricité, qu'on peut
les regarder tous les deux comme essentiellement les
mêmes sous des noms différens. Le fluide électrique
serait donc le premier agent des merveilleux bienfaits
de la nature ?

M. Feburier, en faisant remarquer, dans un autre mémoire , que la supérior té de vertu végétative qu'ont sur les autres, les eaux de pluie , est due principalement aux particules électriques dont elles sont saturées, a indiqué la manière d'y suppléer pour l'arrosage des plantes.

Nous devons à M. Moissenet des Observations météorologiques (1819), sur les années remarquables par la rigueur du froid, la sécheresse et la grande chaleur de 401 à 1812.

CHAPITRE SEPTIÈME.

HISTOIRE NATURELLE.

Notre travail présentera l'analyse des matériaux suivans :

1.º Tableau des substances minérales, observées dans le département de la Sarthe, et rangées d'après la méthode de Daubenton ; par feu Maulny, 1802.

2.º Note sur le falun, par M. Berard, 1807.

3.º Observations minéralogiques, faites en différentes parties de la France et de l'Italie, par M. Menard de la Groye, 1810, 1816.

4.º Rapport sur deux substances minérales trouvées dans la commune de Mansigné, près Chateau-du-Loir ; par M. Daudin, 1811.

5.º Discours sur les avantages que présente un Muséum d'histoire naturelle et sur les richesses minérales que renferme le département de la Sarthe ; par M. Daudin, 1816.

6.º Notes sur la Flore du même département, par Maulny ; 1786 et 1801.

7.º Faune de la Sarthe, dressée d'après les méthodes les plus récentes, comprenant les Mammifères, les Oiseaux, les Reptiles, les Poissons, les Mollusques, etc.; observés dans le département de la Sarthe. Par M.ʳ N. Desportes, 1819,

L'histoire naturelle, prise dans sa plus grande généralité, est immense et dépasse la sphère du plus vaste génie. Elle embrasse le cercle entier des connaissances humaines : depuis ces globes lumineux, qui brillent avec tant d'éclat sur nos têtes, jusqu'aux molécules élémentaires de la matière ; depuis l'homme célèbre par ses talens, et qui ose mesurer les cieux, jusqu'aux reptiles qui rampent à nos pieds. Dans son acception propre, l'histoire naturelle est la connaissance des corps terrestres et de leurs caractères distinctifs : ainsi, l'animalcule et la baleine, la moisissure et le Baobab appartiennent également à cette science.

Parmi les différens êtres qui occupent la surface du globe, les uns sont pourvus d'organes destinés à remplir des fonctions déterminées : ils ont un principe de vie, souvent très-actif, et peuvent reproduire leurs semblables ; on les désigne sous le nom d'*êtres organiques*, qui se partagent en deux classes, *Animaux et Végétaux*. Les autres ne s'accroissent que par l'attraction moléculaire, ou la juxta-position des substances dont ils sont formés, et non par l'effet d'aucun agent interne de développement ; on les nomme *corps inorganiques* ou *Minéraux*.

Les animaux ont une volonté et une sensibilité propres : ils sont capables de mouvement spontané.

Les végétaux, dénués de sensibilité et de mouvement volontaire, sont fixés la plupart au lieu même de leur naissance : mais ils peuvent se reproduire, à l'aide d'organes sexuels, que détruit toujours la fécondation.

Ainsi, les minéraux, dit Linné, croissent ; les végétaux croissent et vivent ; les animaux croissent, vivent et sentent : l'homme seul, placé au sommet de l'échelle des êtres, se distingue éminemment par la raison.

Le goût de l'histoire naturelle, aujourd'hui généralement répandu, depuis que Linné, Buffon, Jussieu ; Lamarck et tant d'autres en ont esquissé les tableaux, n'était point étranger à plusieurs des savans nés sur les bords de la Sarthe.

Il suffit de nommer *Belon* (1), *Poupard* (2), *Morin* (3),

---

(1) Né dans la paroisse d'Oisé, en 1518, l'un des plus célèbres naturalistes du 16ᵉ siècle, s'est fait un nom immortel par ses voyages scientifiques en différentes parties de l'ancien continent, et par son histoire naturelle des poissons, des oiseaux, des arbres résineux, etc. Il fut assasiné dans le bois de Boulogne, près Paris, en 1564, âgé seulement de 46 ans.

Les ouvrages de ce naturaliste sont très-rares : Buffon, qui les a fréquemment cités, en faisait le plus grand cas : nous croyons convenable d'en publier la liste, d'après MM. de Musset, Aubert du Petit-Thouars et Brunet.

1° *L'histoire naturelle des estranges poissons marins, avec leurs pourtraicts gravés en bois ; plus, la vraie peincture et description du Daulphin et de plusieurs autres rares de son espèce.* Paris, 1551, in-4° fig.

2° *De aquatilibus libri duo, cum eiconibus ad vivam ipsorum effigiem, quoad ejus fieri potuit, expressis.* Paris 1553, in-8° oblong. Réimprimé dans l'*Historia animalium* de Gesner, 1558.

3° *La nature et diversité des poissons, avec leurs pourtraicts représentés au plus près du naturel ;* Paris, 1555, in-8° fig. C'est une traduction de l'ouvrage précédent.

Dalibard (4) ; etc. ; dont les travaux ont enrichi la science d'un grand nombre de découvertes précieuses.

───────────────

4° *De la nature et diversité des poissons, avec leurs descriptions et naïfs pourtraicts, en sept livres;* Paris, 1555, in-fol.

5° *L'histoire des poissons, traitant de leur nature et propriété, avec les pourtraicts d'iceux;* Paris 1555, in-4°, textes latin et français.

6° *De arboribus coniferis, resiniferis, aliisque sempiternâ fronde virentibus, cum earumdem iconibus ad vivum expressis; item de melle cedrino, cedrid, agarico, resinis et iis quæ ex coniferis proficiscuntur;* Paris, 1553, in-4° fig.

7° *De admirabili operum antiquorum et rerum suspiciendarum præstantiâ liber, quo de Ægyptiis pyramidibus, de obeliscis, de labyrinthis sepulchralibus, et de antiquorum sepulturis agitur,* etc. Paris, 1553, in-4°, inséré dans le 8ᵉ tome des Antiquités grecques de Gronovius.

8° *Les observations de plusieurs singularitez et choses mémorables trouvées en Grèce, Asie, Judée, Egypte, Arabie et autres pays estranges, rédigées en trois livres;* Paris 1553, petit in-4° fig.

— *Les mêmes.... reveuz de nouveau et augmentez de figures;* Paris 1554 ou 1555, in4° fig.

— *Les mêmes..... reveuz de rechef,* Anvers 1555, petit in-8° fig.

— *Les mêmes..,* Paris 1558, in-4° fig. et deux cartes.

Ch. l'Ecluse (Clusius) a donné une traduction latine de ces observations, Anvers 1589, in-8° fig. et 1605 in-fol. à la suite des *Exoticorum libri X.*

9° *L'histoire de la nature des oyseaux, avec leurs descriptions et naïfs pourtraicts, retirez du naturel, ecrite en sept livres;* Paris 1555, in-fol.

10° *Pourtraicts d'oyseaux, animaux, serpents, herbes, arbres, hommes et femmes d'Arabie et d'Egypte, observez par P. Belon, le tout enrichi de quatrains;* Paris 1557, 1618, in-4° fig. et une carte.

ZOOLOGIE.

Nous devons à feu Maúlny la découverte, aux environs de Ballon et de Bernay, de plusieurs fragmens de machoires d'une espèce de Crocodile fossile, ainsi que celle de vertèbres d'un animal du même genre (5), ramassées dans

---

11° *Remontrances sur le défaut du labour et culture des plantes et de la connaissance d'icelles, contenant la manière d'affranchir les arbres sauvages ;* Paris 1558, in-8° ; traduit en latin par Clusius, 1605, in-fol.

Belon a aussi traduit l'*Histoire des plantes*, par *Théophraste* et *Dioscoride*, et composé une *Histoire des serpens :* mais ces ouvrages n'ont pas été imprimés.

(2) Poupard, né au Mans en 1658, médecin et naturaliste zélé, reçu membre de l'Académie des Sciences en 1699. Il a fait insérer, dans les mémoires de cette Société savante, plusieurs notices sur la sang-sue, le fourmilion, les insectes hermaphrodites, les moules, etc., mort à Paris 1708.

(3) Morin, né au Mans en 1635, mort à Paris en 1715, âgé de 80 ans. Ce médecin dut sa longue carrière, exempte d'infirmités, au régime sobre qu'il s'était imposé, ne se nourrissant que de pain et d'eau. Il laissa une bibliothèque de 15,000 volumes, et un riche cabinet d'histoire naturelle.

(4) Dallbard, né à Crannes vers le commencement du 18° siècle, fut le premier qui adopta en France les principes et la langue de Linné. Il a donné le catalogue des plantes des environs de Paris, rangé suivant le système sexuel, sous le titre de *Flora Parisiensis prodromus*, 1749 in-12. Il répéta aussi, avec le plus grand succès, en présence même de Louis XV, les expériences nouvelles de Francklin, sur l'électricité. Il mourut à Paris en 1779.

(5) On a trouvé dans une pierre calcaréo-argileuse des environs de

une carrière, à Coulaines près le Mans. Il s'empressa d'en communiquer les dessins à M. Cuvier. Ce célèbre naturaliste lui répondit, et, après l'expression de sa juste reconnaissance, il ajoutait :

« Les N°s 1, 2, 4, et 5 appartiennent à une espèce de Gavial ou Crocodile à long museau, très-voisine du Gavial des Indes, mais qui en diffère cependant par plusieurs caractères, surtout dans la forme des vertèbres. » M. Cuvier a reçu de l'Ecole Centrale de Rouen, un grand nombre de morceaux de ce même animal, qui ont été trouvés aux environs de Honfleur; il en a aussi quelques uns, envoyés d'Alençon, et dont une partie a été trouvée dans le département de la Sarthe. Il paraît que cette espèce habitait dans plusieurs endroits de l'Europe; car on en trouve aussi des ossemens en Allemagne, auprès d'Altorf.

FALUNIÈRES.

Il existe, en Touraine, des bancs immenses de co-

Ballon, à trois lieues du Mans [Sarthe], une portion de mâchoire, très-analogue à celle de Honfleur, et dans la commune de Bernay, même département, plusieurs dents isolées, dont l'émail est noirci, renfermées dans une pierre calcaire blanche, et présentant des dimensions telles qu'on ne peut les attribuer qu'à des individus de trente pieds de long au moins. On a trouvé aussi des vertèbres qui prouvent l'identité de ces crocodiles avec ceux du Havre, aux environs de la même ville d'Alençon.

Nouveau Dictionnaire d'Histoire naturelle, tome VIII, pages 465 *et* 466.

quilles fossiles, nommés Falunières, décrits par Bo-
mare, Réaumur, Buffon, et par plusieurs autres naturalistes. L'imagination est frappée de cette masse
de coquilles qui forme le terrain de Sainte-Maure,
en allant de Tours à Poitiers, sur une surface de neuf
lieues carrées et de dix-huit pieds d'épaisseur. Il est
recouvert de deux à six pieds de terre, et partout où
l'on creuse, on retrouve ce banc. La plupart des coquilles
sont brisées et même reduites en poussière : cependant,
il y en a de bien conservées qui ornent le cabinet des
curieux ; on rencontre de semblables fossiles sur les côtes
du Poitou, de St.-Malo et de Cancale. Les cultivateurs
de ces cantons se servent de falun, qu'ils substituent à
la marne ; cette substance fournit un engrais précieux ;
dix voitures suffisent pour un arpent, qu'elle fertilise
pendant trente ans.

M. Berard a vu des champs ainsi amendés, promettre
de superbes récoltes en froment ; tandis que ceux du
voisinage, qui en avaient été privés, n'annonçaient que
la misère et la stérilité : le banc des falunières est presque
à la superficie de la terre ; cependant, on ne peut l'exploiter comme nos marnières, parce que le terrain étant
très-mouillant et presque sans pente, est bientôt rempli
d'eau : on est obligé d'employer un grand nombre
d'ouvriers, quelquefois cent et plus : tandis que les uns
creusent et puisent l'eau, les autres extraient le falun ;
mais, dès le lendemain l'eau est presque au niveau du
sol ; ce qui forme des marres plus ou moins étendues,
qui stérilisent pour jamais une partie du sol, au grand
détriment de l'agriculture. On fait ainsi, de distance en

distance, de nouveaux percés qui donnent naissance à de nouvelles marres. L'auteur se plaint avec raison de l'apathie des habitans qui, avec un peu plus d'intelligence et d'activité, pourraient tirer un grand parti de ce vaste plateau.

Après avoir parlé en agriculteur, M. Berard recherché comme naturaliste, la cause de la formation d'un tel banc. Son opinion, quoique ingénieuse, ne résout point la question : l'origine des falunières tient aux principes mêmes de la Géologie, et nous sommes trop peu avancés dans cette science, pour oser expliquer la formation du globe dont nous n'avons effleuré que quelques portions d'épiderme.

Fossiles découverts par M. Menard.

M. Menard a décrit 43 espèces de coquilles fossiles, dont plusieurs analogues vivans n'existent que dans les mers de l'Inde, et qu'il a reconnues en Italie, spécialement sur le mont *Pulgnasco* (1)

Il a aussi visité la Brèche des environs de Nice, et il y a recueilli un grand nombre de coquilles, dans leur état naturel, le plus souvent revêtues de leurs couleurs.

On trouve, suivant lui, plusieurs espèces de coquilles fossiles de terrain d'eau douce, aux environs du Mans,

----

(1) *Mémoire sur un nouveau genre de coquille bivalve* [panope] *de la famille des Solénoïdes, et sur un riche dépôt de fossiles d'Italie*, avec une planche. Paris, janvier 1807, in-4°, 37 pages.

sur la route d'Alençon, entr'autres l'*Helix Menardi*, nouvelle espèce décrite par M. Brongniart (1).

Le golfe de Tarente (royaume de Naples) lui a offert une petite coquille qu'il a nommée *Marginella auriculala* et qui ressemble parfaitement aux dépouilles fossiles des environs de Paris et de Bordeaux, décrites par Lamarck (2).

Les empreintes de poissons fossiles n'ont point échappé aux recherches de ce naturaliste ; il en a observé un grand nombre en Italie, dans la Campanie, la marche d'Ancone, et en France, aux environs de Paris. Les découvertes qu'il a faites dans ce genre, sont consignées dans le nouveau Dictionnaire d'histoire naturelle de Déterville, tom. 27; 1818.

Faune du département de la Sarthe.

Maulny a publié en 1800, une Faune de la Sarthe, contenant 35 mammifères, 143 oiseaux y compris ceux de passage, 14 reptiles, 6 serpens, 31 poissons et 55 espèces ou variétés de coquilles.

M.ʳ N. Desportes, qui cultive avec autant de zèle que de succès toutes les branches de l'Histoire naturelle, s'est chargé de refondre cette ébauche, pour l'élever au niveau de la science, et d'y ajouter les espèces récemment découvertes.

BOTANIQUE.

Le but de la Botanique est de rechercher, dans les

---

(1) *Journal de physique*, 1811.

(2) *Ann. du Muséum*, tom. 4 et 7.

végétaux, des caractères distinctifs pour les classer et
leur assigner des noms spécifiques. Appuyé sur l'organisation des plantes, qui traite de l'*Anatomie végétale*,
et sur l'action réciproque de leurs organes, ou physiologie, le botaniste choisit une méthode qui lui serve de
fil et, pour ainsi dire, de régulateur, au milieu des
immenses richesses que Flore se plaît à lui offrir. Il peut
adopter le *Système sexuel* de Linné, fondé sur les étamines et les pistils, ou mieux encore les *Familles natu-
relles* de Jussieu, perfectionnées par Decandolle. Cette
belle science a des principes fixes, sa langue particulière,
et réunit, au plus haut dégré, l'agréable à l'utile. C'est
une source féconde pour l'agriculture, la médecine et les
arts.

La nature ne nous présente point de tableau plus gracieux et plus riant ; on ne peut jeter ses regards sur
une prairie émaillée de fleurs, sans ressentir une joie
subite, une émotion délicieuse. Chaque saison, chaque
terrain étalent aux yeux du botaniste, une scène toujours
variée, qui lui ménage des plaisirs purs, sans être jamais
dangereux pour l'innocence et la vertu.

Maulny a donné en 1786 une liste alphabétique des
plantes qui croissent aux environs du Mans (1). Ce
catalogue, renfermant 1076 plantes, tant cryptogames
que phanérogames, était loin de présenter toutes les
richesses végétales de notre sol. Pour y suppléer, l'auteur fit insérer, dans l'Annuaire de l'an 9, une nouvelle

---

(1) Plantes observées aux environs du Mans, Avignon, in-8° 286 p.

liste alphabétique de plantes , montant à 1156. Ce travail est incomplet, et présente des inexactitudes. Puisse M.ʳ N. Desportes réaliser bientôt le projet dont il s'occupe , celui de nous donner une Flore du département de la Sarthe (1).

MINÉRALOGIE.

On doit encore à Maulny le tableau des substances minérales qu'il avait observées dans le département de la Sarthe , pendant une vie consacrée toute entière à l'étude dé la science.

M. Menard la Groye a publié une notice sur le quartz commun fibreux et radié , qui se trouve, principalement en France , à Martigné-Briant , département de Maine-et-Loire (2).

Dans une autre mémoire géognostique sur Beaulieu (Bouches-du-Rhône) , le même naturaliste nous apprend qu'il à trouvé , à Pruillé près le Mans , au fond d'une marnière , une pierre blanche , ou légèrement brunâtre , opaque , compacte et cassante , avec quelques parties

---

. (1) M. N. Desportes s'était déjà fait connaître par deux ouvrages qui attestent ses connaissances en histoire naturelle.

1° *Exposition des caractères des genres de plantes établis par les botanistes , rangés suivant l'ordre du système sexuel*, in-16, 1801, 588 pages, sans nom d'auteur.

2° *Tableau des plantes cultivées dans les serres de M. Leprince Clairsigny , au Mans* , 1806, in-8° 64 pages.

(2) *Journal des mines* , janvier 1810.

semi-opalines ; nommée par Haüy, Quartz agate calci-
fère (1).

Il a aussi, accompagné de feu Maulny et de M. Cauvin,
alors professeur à l'Ecole Centrale, découvert, dans une
marnière située commune de Neuville, près le Mans,
une substance *Alumino-Siliceuse hydratée*, ou argile
pure, et de petits cristaux d'une forme prismatique, ren-
fermés dans plusieurs morceaux de marne calcaire, de la
même carrière, nommée vulgairement tuffau [2].

Ambre jaune.

M. Daudin a fait un rapport sur deux substances
minérales, trouvées en 1811, à 66 pieds de profondeur,
dans la commune de Mansigné, près le Chateau-du-Loir.

La première de ces substances est connue sous le
nom de Succin, ou ambre jaune; c'est l'*Electrum* des
anciens. Les échantillons mis sous les yeux de la Société
des Arts, présentaient pour caractères : couleur brune
ou d'un jaune résineux très-opaque ; cassure conchoïde,
à lames grasses et miroitées; consistance fragile; fragmens à bords aigus et indéterminés.; combustibilité
filamenteuse à la manière des résines, donnant une
odeur pénétrante qui approche de celle de la houille;
translucidité, seulement sur les bords, différant en

---

(1) *Journal de physique*, mars 1816.
[2] *Journal de physique*, décembre 1819.

cela du succin ordinaire, qui est entièrement diaphane; fortement électrique.

Une couche d'argile grise pyriteuse paraît avoir été la matrice de ce succin. On distinguait à l'œil nu, sur la surface mince et légère, beaucoup de petites coquilles bivalves du genre des Cames, dont le têt était encore bien conservé. Cette croute était perforée d'une grande quantité de petits trous, creusés par une espèce de vis; mais, on ne voyait aucun ver dans l'intérieur du bitume résineux.

Le minéral remis à la Société était un rognon solide de pyrite martiale, composé de soufre et de fer, donnant, sous le briquet, des étincelles brillantes et très-abondantes; au chalumeau, il ne répandait aucune odeur d'ail, qui décèle toujours la présence de l'arsénic, dans les pyrites de ce genre; mais, le soufre s'y manifestait par une odeur forte et subtile.

Substances minérales et Muséum.

Peu de départemens, dit M. Daudin, ont été aussi bien favorisés de la nature, que celui de la Sarthe, sous le rapport de la minéralogie. Notre muséum public, enrichi des échantillons que le Gouvernement lui avait envoyés en 1796, a fait depuis [1], l'importante acquisition du cabinet de M. Maulny qui avait consacré à le former trente ans de recherches, et des dépenses consi-

---

[1] M. Ledru conclut, en 1814, le marché pour 6,000 fr. M. le préfet Pasquier avança généreusement la somme, et l'acquisition fu sanctionnée par le conseil général du département.

dérables. Ce muséum offre déjà, dans un ordre méthodique, des échantillons de la plupart des substances que
récèle notre sol…. marnes de toute espèce, crayeuses ou
argileuses, kaolins, terres bolaires, etc., qui n'atten-
dent que la main des arts pour donner à nos faïenceries,
un dégré incontestable de supériorité. Le même ingénieur, après avoir parlé des poteries romaines, que les
fouilles du nouveau pont, construit au Mans en 1809,
ont mises en évidence, ajoute que la défectuosité de
nos mortiers, autrefois si solides, est due à l'apathie
ou à l'ignorance de ceux qui les manipulent.

« Les Romains, dit-il, étaient dans l'usage d'employer leur chaux presque à la sortie du four ; on
évitait soigneusement, dans son transport, le contact
de l'air : toute chaux qui commençait à fuser était rejetée.
Le sable bien sec, répandu et pour ainsi dire semé dans
la laitance, était fortement corroyé et brassé, jusqu'à
parfait amalgame, sans aucun mélange d'eau, tandis
qu'aujourd'hui les ouvriers noient le mélange lorsqu'il
est collant, pour s'éviter la peine de le ramollir par la
seule trituration. Voilà la vraie cause du peu de solidité
de nos cimens et de nos mortiers. On a peine à concevoir
qu'ayant des argiles aussi fortes, et le sable propre à en
diminuer à volonté la ténacité, nos tuiles et nos carrèaux
de pavage soient d'une aussi mauvaise qualité. Les Romains exigeaient que le nom des fabricans fut inscrit sur
chacune des pièces qui sortaient de leur faïencerie, poterie ou briqueterie : ils avaient aussi des Ediles chargés
de surveiller la construction des édifices. A ce moyen,
l'opinion

l'opinion publique faisait justice des ouvriers ignorans ou de mauvaise foi. »

Anthracite.

L'auteur parle ensuite de la découverte d'une substance d'autant plus intéressante, pour notre département, qu'elle est encore très-rare en France. C'est l'anthracite, charbon minéral, de combustion difficile, mais qui une fois allumé, et soutenu par un grand courant d'air, donne plus de chaleur que la houille ou charbon de terre, et dure cinq fois davantage. On ne connaissait, jusqu'à ce jour, que le seul département de Saone-et-Loire, où ce minéral existât avec profusion. On sait aujourd'hui qu'on le trouve en abondance près de Sablé, non loin des bords de la Sarthe, et à peu de profondeur, dans les communes d'Auvers-le-Hamon et Poillé, où cette substance paraît embrasser une étendue de trois lieues de long sur deux de large. Cet·anthracite ne contenant aucune partie sulfureuse, est bien supérieur à la houille, pour la santé des ouvriers, et la qualité du fer qu'il ne rend point cassant. Son emploi, comme chauffage, offre une grande économie et procure une chaleur bien plus intense. Enfin tout annonce que l'anthracite, convenablement manipulé, sera un jour, pour le département de la Sarthe, une source inépuisable de richesses et de prospérité. L'auteur indique nos carbonates de chaux comme propres à augmenter la masse des engrais, et nos tourbes qui peuvent remplacer le combustible. Il termine par l'émission d'un vœu, que nous partageons tous,

9

celui de voir réunis dans notre muséum, des échantillons méthodiquement classés, de toutes les substances
minérales du département, que viendraient étudier les
cultivateurs et les chefs d'atteliers, afin de reconnaître
la matière la plus propre au genre de travail dont ils
s'occupent.

ZOOLOGIE.

ANIMAUX VERTÉBRÉS.

*LISTE des MAMMIFÈRES, OISEAUX, REPTILES et POIS-
SONS observés dans le département de la Sarthe par
M. MAULNY, disposés méthodiquement, avec la
nomenclature latine et l'indication des espèces et
variétés domestiques; par M. N. DESPORTES (1).*

I. MAMMIFÈRES.

Ordre I. CARNASSIERS.

Famille I. CHEIROPTÈRES.

LE RHINOLOPHE grand fer-à-cheval.	*RHINOLOPHUS unihastatus.* Geoffr.
*Le R. petit fer-à-cheval.	*bihastatus.* Geoffr.
LA CHAUVE-SOURIS ord.^{re}	*VESPERTILIO murinus.* Linn.
La Noctule.	*noctula.* Linn.
La Pipistrelle.	*pipistrellus.* Linn.
L'Oreillard.	*auritus.* Linn.
La Barbastelle.	*barbastellus.* Linn.

(1) Les espèces et variétés que j'ai ajoutées à la liste de M. Maulny
sont précédées d'un astérique *. N. D.

Famille II. INSECTIVORES.

LE HÉRISSON ordinaire.	*ERINACEUS europæus.* Linn.
LA MUSARAIGNE commune,	*SOREX araneus.* Linn.
la Musette.	
La Musaraigne d'eau.	*fodiens.* Pall.
LA TAUPE commune.	*TALPA europæa.* Linn.
* *Var.* La Taupe blanche.	Var. *alba.*

Famille III. CARNIVORES.

LE BLAIREAU d'Europe (vulg.	*TAXUS meles.* Geoffr.
le Béduaud).	
LE PUTOIS commun (vulg.	*MUSTELA putorius.* Linn.
le Pitois).	
* Le Furet.	*furo.* Linn.
La Belette.	*vulgaris.* Linn.
L'Hermine.	*erminea.* Lin.
Var. Le Roselet.	Var. *æstiva.*
La Marte commune.	*martes.* Linn.
La Fouine.	*foina.* Linn.
LA LOUTRE.	*LUTRA vulgaris.* Erxleb.
* LE CHIEN domestique.	*CANIS familiaris.* Linn.
Var. Le Chien de berger.	Var. *domesticus.*
Le Chien loup.	*pomeranus.*
Le Chien dogue.	*molossus.*
Le Doguin, le Carlin.	*fricator.*
Le Mâtin.	*laniarius.*
Le Lévrier.	*grajus.*
Le petit Danois.	*variegatus.*
Le Chien courant.	*gallicus.*

Le Basset.	Var. *vertagus.*
Le Braque.	*avicularius.*
à jambes torses.	*curvipes.*
L'Epagneul, le Chien couchant.	*extrarius.*
Le Bichon.	*melitæus.*
Le Barbet.	*aquaticus.*
Le Roquet.	*hybridus.*
Le Chien turc.	*ægyotius.*
Le Chien anglais.	*anglicus.*
Le Loup.	*lupus.* Linn.
Le Renard ordinaire.	*vulpes.* Linn.
* Le Chat domestique.	*Felis catus.* Linn.
Var. Le Chat des Chartreux.	Var. *cæruleus.*
Le Chat d'Angora.	*angorensis.*
Le Chat espagnol.	*hispanicus.*

Ordre II. Rongeurs.

Le Rat d'eau.	*Lemmus amphibius.* Desm.
Le Campagnol, le petit Rat des champs.	*arvalis.* Desm.
Le Loir.	*Mroxus glis.* Gmel.
Le Lérot.	*nitela.* Gmel.
Le Muscardin.	*muscardinus.* Gmel.
La Souris.	*Mus musculus.* Linn.
* *Var.* La Souris blanche.	Var. *albus.*
Le Rat ordinaire, le Rat noir.	*rattus.* Linn.
Le Surmulot.	*decumanus.* Linn.

Le Mulot.	*Mus sylvaticus.* Linn.
L'Ecureuil commun (vulg. le Fouquet).	*Sciurus vulgaris.* Linn.
Le Lièvre commun.	*Lepus timidus.* Linn.
Le Lapin.	*cuniculus.* Linn.
* *Var.* Le Lapin d'Angora.	Var. *angorensis.*
* Le Cobaye, le Cochon d'Inde.	*Cavia cobaya.* Daud.

Ordre III. Pachydermes.

Le Sanglier, la Laie.	*Sus scropha.* Linn.
* *Var.* Le Cochon domestique.	Var. *domesticus.*
* Le Cheval, la Jument.	*Equus caballus.* Linn.
* L'Ane.	*asinus.* Linn.
* *Var.* Le Mulet.	Var. *mulus.*

Ordre IV. Ruminans.

Le Cerf, la Biche.	*Cervus elaphus.* Linn.
Le Chevreuil, la Chevrette.	*capreolus.* Linn.
* Le Bouc, la Chèvre.	*Capra hircus.* Linn.
* Le Belier, la Brebis.	*Ovis aries.* Linn.
Var. Le Mouton à tête jaune.	Var. *ocrhocephala.*
Le Mérinos.	*hispanica.*
* Le Taureau, la Vache.	*Bos taurus.* Linn.

II. OISEAUX.

Ordre I. Rapaces, ou Oiseaux de proie.

Diurnes.

* Le Faucon ordinaire. B (1) *Falco communis*. Gmel.
   Le Faucon hobereau.   *subbuteo*. Gmel.
   * L'Emérillon. B.   *æsalon*. Temm.
   La Cresserelle.   *tinnunculus*. Linn.
   L'Aigle commun.   *fulvus*. Gmel.
   L'Aigle Jean-le-Blanc.   *brachydactylus*. Walt.
   Le grand Aigle de mer,   *ossifragus*. Gmel.
    ou l'Orfraie.
   L'Autour.   *palumbarius*. Linn.
   L'Epervier (vulg. l'Emou-   *nisus*. Linn.
    chet).
   La Buse.   *buteo*. Linn.
   La Buse Bondrée.   *apivorus*. Linn.
   Le Busard harpaye ou de   *rufus*. Linn.
    marais.
   Le Busard St.-Martin, la   *cyaneus*. Montagu.
    Soubuse.

Nocturnes.

La Chouette Hulotte, le   *Strix aluco*. Meyer.

---

(1) Les espèces qui m'ont été indiquées par M. Bucaille, de Fresnay, sont suivies de la lettre B.

Chat - Huant (vulg.
le Chouan).

La Chouette effraie, la   *Strix flammea*. Linn.
Frésaie (vulg. l'Orfraie).

La Chouette chevêche, la   *passerina*. Gmel.
petite Chouette.

Le Hibou brachiote , la   *brachyotos*. Lath.
Chouette ou grande
Chevêche.

Le moyen Duc.   *otus*. Linn.

* Le petit Duc. B.   *scops*. Linn.

Ordre II. OMNIVORES.

LE CORBEAU noir.   *Corvus corax*. Linn.

La Corneille noire, la Cor-   *corone*. Linn.
bine (vulg. la Couas).

La Corneille mantelée.   *cornix*. Linn.

Le Freux.   *frugilegus*. Linn.

Le Choucas, la petite Cor-   *monedula*. Linn.
neille des clochers.

* *Var.* Le Choucas blanc.   Var. *alba*.

La Pie.   *pica*. Linn.

* *Var.* La Pie blanche.   Var. *alba*.

Le Geai (vulg. Racaud).   *glandarius*. Linn.

* LE CASSE-NOIX. B.   *NUCIFRAGA caryocatactes*.
Briss.

LE LORIOT, le Merle d'or.   *ORIOLUS galbula*. Linn.

L'ÉTOURNEAU, le Sansonnet. *STURNUS vulgaris*. Linn.

Ordre III. INSECTIVORES.

LA PIE-GRIÈCHE grise.   *LANIUS excubitor*. Linn.

La Pie-Grièche rousse.   *Lanius rufus.* Briss.

La Pie-Grièche écorcheur.   *collurio.* Briss.

LE GOBE-MOUCHE gris.   *MUSCICAPA grisola.* Linn.

LE MERLE Draine, la petite   *TURDUS viscivorus.* Linn.
  Grive, la Grive de Guy.

La Litorne, la Tourdelle.   *pilaris.* Linn.

La Grive.   *musicus.* Linn.

Le Mauvis.   *iliacus.* Linn.

Le Merle noir, le Merle   *merula.* Linn.
  commun.

* *Var.* Le Merle cendré.   Var. *cinerea.*

  * Le Merle blanc.   *alba.*

LE BEC-FIN Rousserole,   *SYLVIA turdoides.* Meyer.
  le Rossignol de rivière.

Le Bec-Fin des roseaux,   *arundinacea.* Lath.
  l'Efarvatte, la fauvette
  des roseaux.

Le Rossignol commun.   *luscinia.* Lath.

* *Var.* Le Rossignol blanc.   Var. *alba.*

* Le grand Rossignol. B.   *philomela.* Meyer.

La Fauvette à tête noire.   *atricapilla.* Lath.

La petite Fauvette.   *hortensis.* Bechst.

La Fauvette grise, la Gri-   *cinerea.* Lath.
  sette.

Le Rouge-Gorge (vulg.   *rubecula.* Lath.
  la Rubline).

Le Rossignol de muraille,   *phœnicurus.* Lath.
  la Gorge-Noire.

* Le Bec-Fin à poitrine   *hippolaïs.* Lath.
  jaune, le grand Pouillot.

Le Pouillot, le Chantre. *Sylvia trochilus.* Lath.

Le Roitelet ordinaire. *regulus.* Lath.

Le Troglodyte [vulg. le *troglodytes.* Lath.
Beurichon].

LE TRAQUET moteux, le *SAXICOLA œnanthe.* Bechst.
Cul-Blanc (v. le prêtre).

* Le Tarier, le grand- *rubetra.* Bechst.
Traquet. B.

Le Traquet pâtre. *rubicola.* Bechst.

L'ACCENTEUR mouchet, le *ACCENTOR modularis.* Cuv.
Traîne-Buisson, la Fau-
vette d'hyver.

LA BERGERONNETTE grise, *MOTACILLA alba.* Linn.
la Lavandière [vulg. la
Gironnette].

La Bergeronnette jaune. *boarula.* Linn.

La Bergeronnette printa- *flava.* Linn.
nière.

LE PIPIT farlouse, l'Alouette *ANTHUS pratensis.* Bechst.
des prés.

Ordre IV. GRANIVORES.

L'ALOUETTE cochevis, l'A- *ALAUDA cristata.* Linn.
louette huppée.

L'Alouette des champs, *arvensis.* Linn.
l'Alouette ordinaire.

L'Alouette lulu, l'Alouette *arborea.* Linn.
des bois, le Cujelier,
[vulg. l'Argilas].

La Mèsange charbonnière, *Parus major*. Linn.
  la grosse Mésange.
    * La Mésange petite char-   *ater*. Linn.
      bonnière. B.
    La Mésange bleue.   *cœruleus*. Linn.
    La Mésange huppée.   *cristatus*. Linn.
    La Mésange nonnette, la   *palustris*. Linn.
      Nonnette cendrée.
    La Mésange à longue queue   *caudatus*. Linn.
      [vulg. la Mésigue].
Le Bruant jaune.   *Emberiza citrinella*. Linn.
    Le Proyer.   *miliaria*. Linn.
    L'Ortolan.   *hortulana*. Linn.
    Le Bruant de haie, le Zizi.   *cirlus*. Linn.
Le Bec-Croisé commun ou   *Loxia curvirostra*. Linn.
  des pins.
Le Bouvreuil commun   *Pyrrhula vulgaris*. Briss.
  [vulg. l'Ebourgeonneux].
Le Gros-Bec commun.   *Fringilla coccothraustes*.
              Temm.
    Le Verdier.   *chloris*. Temm.
    Le Soulcie, le Moineau   *petronia*. Linn.
      des bois
    Le Moineau domestique,   *domestica*. Linn.
      le Moineau franc [vulg.
      la Passe].
    * *Var*. Le Moineau blanc.   Var. *alba*.
    Le Friquet, le Moineau de   *montana*. Linn.
      montagne [vulg. la Pas-
      se-Bussonne].

Le Pinson.	*Fringilla cœlebs.* Linn.
Le Pinson d'Ardennes, le P. de montagne.	*montifringilla.* Linn.
La Linotte ordinaire ou de vigne (vulg. le L'not).	*cannabina.* Linn.
Le Tarin.	*spinus.* Linn.
* Le Serin des Canaries.	*canaria.* Linn.
Var. huppé..	*Var. cristata.*
blond.	*flava.*
panaché.	*variegata.*
gris.	*grisea.*
vert.	*viridula.*
Le Sizerin, la petite Linotte de vignes.	*linaria.* Linn.
Le Chardonneret (vulg. le Chardonnet).	*carduelis.* Linn.

Ordre V. ZYGODACTYLES.

LE COUCOU gris.	*Cuculus canorus.* Linn.
LE PIC-VERT (vulg. Pivard).	*Picus viridis.* Linn.
Le Pic Epeiche, le Pic varié.	*major.* Linn.
Le Pic petit Epeiche, l'Epeichette.	*minor.* Linn.
LE TORCOL ordinaire.	*Yunx torquilla.* Linn.

Ordre VI. ANISODACTYLES.

LA SITTELLE torchepot, le Pic cendré.	*Sitta europæa.* Linn.

(141)

Le Grimpereau.   Certhia familiaris. Linn.
Le Tichodrome échelette, Tichodroma phœnicoptera.
   le Grimpereau de muraille.   Temm.
Là Huppe (vulg, la Puput). Upupa epops. Linn.

Ordre VII. Alcyons.

Le Martin - Pêcheur al- Alcedo ispida. Linn.
   cyon (vulg. le Pêcheux).

Ordre VIII. Chélidons.

L'Hirondelle de cheminée, Hirundo rustica. Linn.
   l'Hirondelle domestique.
   L'Hirondelle de fenêtre,   urbica. Linn.
   l'Hirondelle à cul-blanc.
   L'Hirondelle de rivage.   riparia. Linn.
Le Martinet de muraille, Cypselus murarius. Temm.
   le Martinet noir.
L'Engoulevent ordinaire, Caprimulgus europæus. Lin.
   (vulg. le Crapaud volant).

Ordre IX. Pigeons.

Le Pigeon ramier.   Columba palumbus. Linn.
   Le Pigeon biset, le Pigeon   livia. Briss.
      de roche.
   * Le Pigeon domestique.   domestica. Linn.
   Var. Gros mondain (vulg.   Var. mondana. Bonn.
      P. fayencé, P. manceau).
   Bagadais.   tuberculata. Bon.
   Espagnol.   hispanica. Bonn.
   Polonais.   polonica. Bonn.

Romain.	Var. *romana*. Bonn.
Pattu ou à pieds plumeux.	*dasypus*. Linn.
Pattu-huppé.	*cristata*. Linn.
Nonnain.	*cucullata*. Linn.
Cravatte , ou à gorge frisée.	*turbita*. Linn.
Paon.	*laticauda*. Linn.
Hirondelle.	*hirundo*. Linn.
Grosse-gorge, ou grand-gosier.	*gutturosa*. Linn.
La Tourterelle (vulg. la Teurtre).	*turtur*. Linn.
* La Tourterelle à collier.	*risoria*. Linn.
Var. blanche.	Var. *alba*.

Ordre X. Gallinacés.

*. Le Paon domestique.	*Pavo cristatus*. Linn.
* Le Dindon (vulg. le Coq-d'Inde).	*Meleagris gallo-pavo*. Lin.
* Le Coq , la Poule.	*Phasianus gallus*. Linn.
Var. La Poule commune.	Var. *domesticus*. Linn.
de Caux ou de Padoue.	*patavinus*. Linn.
Frisée (vulg. guenille).	*crispus*. Linn.
Frisée négresse.	*nigro-crispus*. N.
Négresse (vulg. maure).	*niger*. Linn.
Huppée.	*cristatus*. Linn.
Naine ou de Camboge.	*pumilio*. Linn.
Pattue.	*plumipes*. Linn.
A duvet ou porte-soie, (vulg. P. du Japon).	*lanatus*. Linn.
*. La Peintade.	*Numida meleagris*. Linn.

La Perdrix rouge. — *Perdrix rubra.* Briss.
  * *Var.* Rousse. — Var. *rufa.*
    Blanche. — *alba.*
    * La petite Perdrix rou- — *minor.*
    ge. B.
La Perdrix grise. — *cinerea.* Latham.
* *Var.* Blanche. — Var. *alba.*
    La petite Perdrix gr'se — *minor.*
    (vulg. la Roquette).
La Caille. — *cothurnix.* Latham.

Ordre XI. Coureurs.

L'Outarde barbue, la — *Otis tarda.* Linn.
  grande Outarde.
L'Outarde cannepetière, — *tetrax.* Linn.
  la petite Outarde.

Ordre XII. Gralles, ou Echassiers.

Le Pluvier doré. — *Charadrius pluvialis.* Linn.
  Le Pluvier guignard, le — *morinellus.* Linn.
  Pluvier solitaire.
Le Vanneau huppé. — *Vanellus cristatus.* Meyer.
La Cicogne blanche. — *Ciconia alba.* Briss.
Le Héron cendré (vulg. — *Ardea cinerea.* Linn.
  le Hégròn).
  Le Bihoreau à manteau — *nycticorax.* Linn.
  noir.
  Le Héron grand Butor. — *stellaris.* Linn.
  * Le Héron blongios, le — *minuta,* Linn.
  Butor roux.

L'Avocette à nuque noire. *Recurirostra avocetta.* Lin.

Le Courlis cendré. *Numenius arquata.* Lath.

    Le Courlis corlieu, le   *phæopus.* Lath.
    petit Courlis.

* Le Bécasseau brunette   *Tringa variabilis.* Meyer.
    ou variable, l'Alouette
    de mer. B.

Le Chevalier cul-blanc,   *Totanus ochropus.* Temm.
    le Bécasseau.

    * Le Chevalier guignette B.   *hypoleucos.* Temm.

* La Barge rousse. B.   *Limosa rufa.* Briss.

La Bécasse ordinaire.   *Scolopax rusticola.* Linn.

    La Bécassine ordinaire.   *gallinago.* Linn.

    * La Bécassine sourde, la   *gallinula.* Linn.
    petite Bécassine. B.

Le Rale d'eau.   *Rallus aquaticus.* Linn.

La Poule-d'Eau de genêt, *Gallinula crex.* Lath.
    le Râle de genêt, le Roi des
    Cailles [vulg. la Civière].

    * La Marouette, le petit   *porzana.* Lath.
    Râle d'eau.

    La Poule d'eau ordinaire,   *chloropus.* Linn.
    la petite Poule d'eau.

Ordre XIV. Pinnatipèdes.

La Foulque macroule, la   *Fulica atra.* Linn.
    grande Foulque, la Mo-
    relle (vulg. la Jodelle).

Le Grèbe huppé.   *Podiceps cristatus.* Lath.

    * Le Grèbe castagneux.   *minor.* Lath.

Ordre

Ordre XIV. Palmipèdes.

* L'Hirondelle de Mer *Sterna hirundo.* Linn.
Pierre- Garin, là grande
Hirondelle de mer. B.

 * La petite Hirondelle de   *minuta.* Linn.
mer. B.

La Mouette tridactyle, la *Larus tridactylus.* Meyer.
Mouette cendrée tache-
tée.

La Mouette rieuse, ou à   *ridibundus.* Leisler.
capuchon brun, la petite
Mouette cendrée.

La Mouette à pieds bleus,   *cyanorynchus.* Meyer.
la grande Mouette cen-
drée.

L'Oie vulgaire, l'Oie sau- *Anas segetum.* Gmel.
vage.

 * *Var.* L'Oie domestique.   Var. *domestica.*
 * L'Oie bernache.   *leucopsis.* Temm.
Le Cygne domestique ou   *olor.* Linn.
tuberculé.

Le Canard sauvage.   *boschas.* Linn.
 * *Var.* Le Canard domes-   Var. *domestica.*
tique.

 * Le C. domest. huppé.   *cristata.*
 * Le Canard musqué (vulg.   *moschata.* Linn.
le Canard d'Inde).

 * Le Canard chipeau ou   *strepera.* Linn.
Ridenne. B.

* Le Canard à longue queue, le Pilet. *Dr.* — *Anas acuta.* Linn.

Le Canard Souchet. — *clypeata.* Linn.

Le Canard Sarcelle d'été, la Sarcelle commune. — *querquedula.* Linn.

Le Canard Sarcelle d'hiver, la petite Sarcelle. — *crecca.* Linn.

* Le Canard Sarcelle religieuse, la Sarcelle blanche et noire ? B. — *bucephala.* Lath.

Le Canard garrot. — *clangula.* Linn.

* Le Canard morillon. — *fuligula.* Linn.

Le Harle commun, le grand Harle. — *Mergus merganser.* Linn.

Le Harle huppé. — *serrator.* Linn.

* Le Harle piette, le petit Harle huppé. — *albellus.* Linn.

Le Cormoran commun, le grand Cormoran. — *Carbo cormoranus.* Meyer.

* Le Cormoran nigaud, le petit Cormoran. — *graculus.* Meyer.

Le Plongeon imbrim, le Grand Plongeon. — *Colymbus glacialis.* Linn.

Le Plongeon cat-marin ou à gorge rouge, le petit Plongeon. — *septentrionalis.* Linn.

III. REPTILES.

Ordre I. Sauriens.

Le Lezard vert (vulg. le *Lacerta viridis.* Lacép.
Vert de gris).

Var. Vert - bleuâtre en dessus, jaunâtre en dessous (*A. Latr.*)	Var. *infernè-lutea.*
Bleuâtre en dessus, pointillé de noir en dessous (*B. Latr.*)	*cærulescens.*
Vert en dessus avec une bande dorsale brune. (*E. Latr.*)	*dorso-vittata.*
Gris-cendré en dessus. (*G. Latr.*)	*griseo-cinerea.*
Le Lézard gris, le Lézard des murailles.	*agilis.* Linn.
* *Var.* double-queue.	Var. *bicaudata.*
à 8 rangs d'écailles sous le ventre (*B. Latr.*)	*arenicola ?* Daud.

Ordre II. Ophidiens.

L'Orvet (vulg. l'Auvain).	*Anguis fragilis.* Linn.
Var. à ventre noir.(1).	Var. *melanogastra.*

---

(1) Ventre noir, marqué de petits points rougeâtres et gris; dos

La Couleuvre à collier. *Coluber natrix*. Linn.
  * La Couleuvre verte et *viridi-flavus*. Lacép.
  jaune (vulg. le Surjéton).
  La Couleuvre lisse. *lævis*. Lacép.
La Vipère commune. *Vipera berus*. Latr.
  Var. l'Aspic. Var. *aspis*.

Ordre III. Batraciens.

La Grenouille verte, la *Rana esculenta*. Linn.
  Grenouille commune.
La Grenouille rousse *temporaria*. Linn
  (vulg. le Graisset).
La Rainette commune, *Hyla viridis*. Lacép.
  la Raine verte.
Le Crapaud accoucheur. *Buffo obstetricans*. Lauren.
  Le Crapaud commun. *vulgaris*. Daud.
  * Le Crapaud cendré. *cinereus*. Daud.
  Le Crapaud sonnant ou *bombinus*. Daud.
  pluvial.
  Le Crapaud brun. *fuscus*. Daud.
La Salamandre terrestre *Salamandra terrestris*. Latr.
  (vulg. le Sourd.)
  La Salamandre marbrée. *marmorata*. Latr.
  La Salamandre crêtée. *cristata*. Latr.
  * La Salamandre abdo- *abdominalis*. Latr.
  minale.
  La Salamandre ponctuée. *punctata*. Latr.
  * La Salamandre palmipède. *palmipes*. Latr.

---

gris, avec une ligne noire depuis le sommet de la tête jusqu'à la queue,
[*Maulny, note inéd.*]

IV. POISSONS.

Ordre I. Chondroptérigiens à branchies fixes.

La Grande-Lamproye.	*Petromyzon maximus.* Lat.
La petite Lamproye de ri-	*planeri.* Bloch.
vière, le Sucet.	

Ordre II. Malacoptérigiens abdominaux.

Le Saumon commun.	*Salmo salar.* Linn.
La Truite saumonée.	*trutta.* Linn.
La Truite commune.	*fario.* Linn.
Le Brochet.	*Esox lucius.* Linn.
La Carpe.	*Cyprinus carpio.* Linn.
* *Var.* à museau court.	V. *brachycephalus.* n.
* La Carpe à miroir, la Reine des Carpes (vulg. la Carpe-Tanche).	*specularis.* Lacép.
* Le Cyprin doré, la Dorade de la Chine [vulg. le poisson rouge].	*auratus.* Linn.
Var. tacheté de noir.	Var. *nigro-maculatus.*
Le Barbeau commun (vulg. le Barbillon).	*barbus.* Linn.
* Le Goujon.	*gobio.* Linn.
La Tanche.	*tinca.* Linn.
* *Var.* La Tanche dorée.	Var. *aurata.*
La Brême commune.	*brama.* Linn.

* La Bordélière, la petite   *Cyprinus blicca.* Bloch.
  Brême.

Le Meunier, la Dobule.	*dobula.* Linn.
Le Gardon, la Rosse.	*rutilus.* Linn.
La Vaudoise, le Dard.	*leuciscus.* Linn.
L'Ablette, l'Able.	*alburnus.* Linn.
Le Véron.	*phoxinus.* Linn.
La Chevane (vulg. la Che-vergne, le Cheval).	*jeses.* Linn.
L'Aphie.	*aphya.* Linn.
La Morelle.	*morella.* Encycl.
Le Rotengle.	*erythropthalmus.* Linn.
* LA LOCHE franche, la Bar-botte.	*COBITIS barbatula.* Linn.
La Loche de rivières.	*tænia.* Linn.

Ordre III. MALACOPTÉRYGIENS Subbrachiens.

LA LOTTE commune.   *GADUS lota.* Linn.

Ordre IV. MALACOPTÉRYGIENS Apodes.

L'ANGUILLE.   *MURÆNA anguilla.* Linn.

Ordre V. ACANTHOPTÉRYGIENS.

LA PERCHE commune.	*PERCA fluviatilis.* Linn.
LE CHABOT commun, le Meûnier (vulg. le Tétard).	*COTTUS gobio.* Linn.
L'EPINOCHE à 3 aiguillons.	*GASTEROSTEUS aculeatus.* Lin.
L'Epinoche à 10 aiguillons, l'Epinochette.	*pungitius.* Linn.

ANIMAUX INVERTÉBRÉS.

J. MOLLUSQUES.

LISTE des COQUILLES terrestres et fluviatiles observées dans le département de la Sarthe, par M. MAULNY.

* Univalves.

SABOT porte-plumet.	*TURBO cristata.* Poir.
élégant.	*elegans.* Gmel.
BULIME stagnal.	*BULIMUS stagnalis.* Brug.
obscur.	*obscurus.* Poir.
bouche-blanche.	*leucostoma.* Poir.
radis.	*auricularius.* Brug.
amphibie.	*succineus.* Brug.
des fontaines.	*fontinalis.* Brug.
brillant.	*lubricus.* Brug.
aiguillette.	*acicula.* Brug.
grain d'orge.	*hordeaceus.* Brug.
mousseron.	*muscorum.* Brug.
barillet.	*doliolum.* Brug.
grain d'avoine.	*avenaceus.* Brug.
nompareil.	*perversus.* Brug.
antinompareil.	*similis.* Brug.
vivipare.	*viviparus.* Poir.
operculé.	*tentaculatus.* Poir.
HÉLICE. vigneronne.	*HELIX pomatia.* Linn.

Hélice jardinière.	*Helix aspersa.* Linn.
des forêts.	*nemoralis.* Linn.
V. jaune sans bande.	Var. *citrina.*
à une bande brune.	*unifasciata.*
à deux bandes.	*bifasciata.*
à trois bandes.	*3-fasciata.*
à quatre bandes.	*4-fasciata.*
à cinq bandes.	*5-fasciata.*
rose sans bande.	*rosea.*
à une bande noire.	*unifasciata.*
à deux bandes.	*bifasciata.*
grande striée.	*cinerea.* Poir.
chartreuse.	*carthusiana.* Poir.
luisante.	*nitens.* Gmel.
veloutée.	*hispida.* Linn.
transparente.	*diaphana.* Poir.
bouton.	*rotundata.* Gmel.
grand ruban.	*ericetorum.* Gmel.
petite striée.	*pulchella.* Gmel.
lampe.	*lapicida.* Linn.
PLANORBE corné.	*PLANORBIS corneus.* Poir.
tortueux.	*contortus.* Poir.
spirorbe.	*spirorbis.* Poir.
aigu.	*acutus.* Poir.
tourbillon.	*vortex.* Poir.
aplati.	*complanatus.* Poir.
velu.	*villosus.* Poir.
tuilé.	*imbricatus.* Poir.
NÉRITE fluviatile.	*NERITA fluviatilis.* Linn.
PATELLE des lacs.	*PATELLA lacustris.* Linn.

Patelle cornée. | *Patella cornea.* Poir.

** *Bivalves.*

MULETTE des peintres. | *Unio pictorum.* Poir.
  des rivages. | *littoralis.* Poir.
ANODONTITE des étangs. | *Anodontites cygnœa.* Poir.
  des rivières. | *analina.* Poir.
TELLINE cornée. | *Tellina cornea.* Linn.

TABLEAU *méthodique des* ANNÉLIDES *,* CRUSTACÉS *,* ARACHNIDES *,* INSECTES *,* INTESTINAUX *,* POLYPES *et* INFUSOIRES *, observé dans le département de la Sarthe ; par M. N.* DESPORTES.

II. ANNÉLIDES.

LOMBRIC terrestre (vulg. le Ver de terre, l'Achée).	*LUMBRICUS terrestris.* Linn.
varié.	*variegatus.* Mull.
NAÏDE vermiculaire.	*NAIS vermicularis* Mull.
SANGSUE médicinale.	*HIRUDO medicinalis.* Linn.
noire.	*sanguisorba.* Linn.
PISCICOLE des poissons.	*PISCICOLA piscium.* Lam.
ERPOBDELLE aplatie.	*ERPOBDELLA complanata.* Lam.
DRAGONNEAU des ruisseaux.	*GORDIUS aquaticus.* Linn.
terrestre.	*terrestris.* N. (1).
Var. blanc.	Var. *albidus.*

(1) Filiforme, transparent, blanchâtre, marqué, sur le dos, d'une ligne noire interrompue ; l'une de ses extrémités tachée de brun. Longueur, trois pouces et demi.

HAB. Dans les jardins, sur la terre humide et sur les plantes.

III. CRUSTACES.

Ecrévisse des rivières.	*Astacus fluviatilis.* Fab.
Crangon fluviatile.	*Crango fluviatilis.* N. (1).
Crevette des ruisseaux.	*Gammarus pulex.* Fab.
Cloporte commun.	*Oniscus asellus.* Linn.
Armadille commune.	*Armadillo vulgaris.* Latr.
Aselle ordinaire.	*Asellus vulgaris.* Latr.
Cyclope nain.	*Cyclops minutus.* Mull.
quadricorne.	quadricornis. Mull.
Apus cancriforme.	*Apus cancriformis.* Latr.
Argule foliacé.	*Argulus foliaceus.* Jurine.
Cypris pubère.	*Cypris pubera.* Mull.
Daphnie puce.	*Daphnia pulex.* Mull.
Céphalocle des étangs.	*Cephaloculus stagnorum.* Lam.

---

(1) Transparent, long de 9 à 10 lignes; bec moitié plus court que les antennes extérieures, comprimé, avec une dentelure sur chaque côté en haut et en bas; queue de 6 à 7 anneaux inégaux; le dernier muni de 3 à 4 écailles natatoires dont 2 ou 3 plus larges, arquées; l'autre droite, terminée par une épine multifide.

Hab. Dans les eaux de la Sarthe, où il a été observé par M. Menard de la Groye qui m'en a communiqué la description.

IV. ARACHNIDES.

Ordre I. Antennées Trachéales.

* Crustacéennes.

Podure aquatique.	*Podura aquatica.* Linn.
grise.	*plumbea.* Linn.
des arbres.	*arborea.* Linn.
Forbicine argentée (v. lin-gère, poisson de terre).	*Lepisma saccharina.* Linn.
Scutigère à longues pattes.	*Scutigera longipes.* Lam.
à pattes courtes.	*coleoptrata.* Lam.
Lithobie fourchue.	*Lithobius forficatus.* Lam.
Scolopendre ligulaire.	*Scolopendra electrica.* Lin.
Polyxène à pinceau.	*Polyxenus lagurus.* Lam.
Iule des sables.	*Iulus sabulosus.* Linn.
terrestre.	*terrestris.* Linn.
des fraises.	*fragariarum.* Lam.

** Acaridiennes.

Pou du corps.	*Pediculus corporis.* Lam.
de la tête.	*capilis.* Lam.
du pubis.	*pubis.* Linn.
du cochon.	*suis.* Linn.
de la brebis.	*ovis.* Linn.
du taureau.	*bovis.* Linn.
du cheval.	*equi.* Linn.
Ricin des oies.	*Ricinus anseris.* Deg.
de la poule.	*gallinæ.* Deg.
du pigeon.	*columbæ.* Deg.
du pinçon.	*fringillæ.* Deg.

Ordre II. Exantennées Trachéales.

* *Acaridés.*

Astome parasite.	*Astoma parasiticum.* Latr.
Lepte automnal.	*Leptus autumnalis.* Lam.
Ixode ricin (vulg. la Louvette).	*Ixodes ricinus.* Latr.
réticulé	*reticulatus.* Latr.
Argas bordé.	*Argas marginatus.* Latr.
Bdelle commune.	*Bdella rubra.* Lam.
Mitte de la gale.	*Acarus scabiei.* Fab.
domestique.	*domesticus.* Deg.
du fromage.	*siro.* Fab.
de la farine.	*farinæ.* Deg.
Cheylète des livres.	*Cheyletus eruditus.* Latr.
Gamase tisserand.	*Gamasus telarius.* Lam.
Trombidion satiné.	*Trombidium holosericeum.* F
Hydrachne ensanglantée.	*Hydrachna cruenta.* Mull.
Limnochare satiné.	*Limnochares holosericea.* L.

** *Phalangides.*

Faucheur des murailles.	*Phalangium opilio.* Linn.
Pince cancroïde.	*Chelifer cancroides.* Lam.

Ordre III. Exantennées Branchiales.

I. Aranéides sédentaires.

* *Tubitèles* [*Araignées tapissières.*]

Ségestrie des caves.	*Segestria cellaria.* Latr.

'Araignée domestique.	*Aranea domestica.* Linn.
Araignée ?	*Aranea ?*
des jardins.	*horticola.* Ol.
des murailles.	*parietina.* Fourc.
des buissons.	*dumetorum.* Fourc.
déchiquetée.	*lacera.* Ol.
vagabonde.	*erratica.* Ol.
à longues pattes.	*meticulosa.* Fourc.
Drasse vert.	*Drassus viridissimus.* Wal.
Clubione atroce.	*Clubiona atrox.* Walck.
'Argyronète aquatique.	*Argyroneta aquatica.* Latr.

* * *Inéquitèles* [*Araignées filandières*].

Pholcus phalangiste.	*Pholcus phalangioides.* W.
Epeïre porte-croix.	*Epeira diadema.* Walck.
de Menard.	*menardii.* Latr.

* * * *Latérigrades* (*Araignées crabes*).

Thomise citron.	*Thomisus citreus.* Walck.

II. Aranéides vagabondes.

* *Citigrades* (*Araignées loups*).

Dolomède frangé.	*Dolomedes fimbriatus.* Lat.

* * *Saltigrades* (*Araignées sauteuses*).

Saltique chevronné.	*Salticus scenicus.* Latr.

(159)

V. INSECTES.

Ordre I. Coléoptères (1),

Section I. Pentamères.

Famille I. Carnassiers.

† Terrestres.

Tribu I. Cicindéletes.

Cicindèle champêtre.	*Cicindela campestris.* Linn.
hybride.	*hybrida.* Linn.
sylvatique.	*sylvatica.* Linn.

Tribu II. Carabiques.

1. *Bombardiers.*

Brachine pétard.	*Brachinus crepitans.* Fab.
pistolet.	*sclopeta.* Fab.
Lébie tête-bleue.	*Lebia cyanocephala.* Latr.
* turque.	*turcica.* Latr.
* petite-croix.	*crux-minor.* Latr.

---

(1) Je dois à M. Mahieu, chirurgien à Bazouges, naturaliste aussi savant que modeste, l'indication d'un grand nombre de Coléoptères qu'il a observés aux environs de la Flèche; je les désigne par un astérique, *.

* Lébie tête-noire.	*Lebia atricapilla.* Latr.
* truncatelle.	*truncatella.* Latr.

2. *Mélanchlènes.*

* HARPALE marqué.	*HARPALUS signatus.* Latr.
* hirtipède.	*hirtipes.* Latr.
* binoté.	*binotatus.* Latr.
* lent.	*tardus.* Latr.
* ruficorne.	*ruficornis.* Latr.
* sabulicole.	*sabulicola.* Latr.
* bronzé.	*æneus.* Latr.
* germanique.	*germanus.* Latr.
* étuvier.	*vaporariorum.* Latr.
* méridien.	*meridianus.* Latr.
large.	*latus.* Latr.
* fauve.	*testaceus.* Latr.
rural.	*agrorum.* Latr.
ferrugineux.	*ferrugineus.* Latr.
fulvicorne.	*fulvicornis* (1).
thoracique.	*thoracicus* (2).
* FÉRONIE cherche-abri.	*FERONIA apricaria.* Latr.
brûlée.	*torrida.* Latr.
* eurynote.	*eurynota.* Latr.
cuivreuse.	*cuprœa.* Latr.
vulgaire.	*vulgaris.* Latr.
commune.	*communis.* Latr.

---

(1) *Carabus fulvicornis.* Ol.
(2) *Buprestis thoracicus.* Fourc.

Féronie tête-noire.	*Feron. melanocephala.* Lat.
* noirâtre.	*fusca.* Latr.
* agréable.	*lepida.* Latr.
* céphalote.	*cephalotes.* Latr.
* brune-foncée.	*picea.* Latr.
* terricole.	*terricola.* Latr.
humide.	*madida.* Latr.
mélanaire.	*melanaria.* Latr.
* striole.	*striola.* Latr.
* très-noire.	*aterrima.* Latr.
* éthiopienne.	*æthiops.* Latr.
* vêtue.	*vestita.* Latr.
* ceinte.	*cincta.* Latr.
* soyeuse.	*holosericea.* Latr.
* verte.	*prasina.* Latr.
* pallipède.	*pallipes.* Latr.
bordée.	*marginata.* Latr.
* veuve.	*vidua.* Latr.

3. *Métalliques.*

* BADISTE bipustulé.	*BADISTER bipustulatus.* Latr.
* CALOSOME inquisiteur.	*CALOSOMA inquisitor.* Fab.
sycophante.	*sycophanta.* Fab.
CARABE chagriné.	*CARABUS coriaceus.* Linn.
purpurin.	*purpurascens.* Linn.
* bleu.	*cyaneus.* Ol.
jardinier.	*hortensis.* Linn.
doré.	*auratus.* Linn.
* brillanté.	*aurato-nitens.* Fab.
granulé.	*granulatus.* Linn.

* *Var:* violet. Var. *violaceus.*
* Pogonophore bleu. Pogonophorus *cœruleus* Lat.
* Loricère bronzée. Loricera *œnea.* Latr.

4. Elaphriens.

Elaphre riverain. Elaphrus *riparius.* Fab.
  aquatique.   *aquaticus.* Fab.
  * semi-ponctué.   *semi-punctatus.* Fab.
* Bembidion flavipède. Bembidion *flavipes.* Latr.
  * rupicolle.   *rupestre:* Latr.
  brûlé.   *ustulatum.* Latr.
  * enfoncé.   *impressum.* Latr.

† † Aquatiques.

Tribu I. Hydrocantares.

1. Dytiscites.

Dytisque bordé. Dytiscus *marginalis.* Linn.
  pointillé.   *punctatus.* Fab.
  sillonné.   *sulcatus.* Linn.
Colymbète strié. Colymbetes *striatus.* Latr.
  cendré.   *cinereus.*
  ovale.   *ovatus.*
  bipustulé.   *bipustulatus.* Latr.
  transversal.   *transversalis.*
  * noté.   *notatus.*
  * maculé.   *maculatus.*
  * des lacs.   *lacustris.*

✿ Colymbète vitré.	*Colymbotes fenestratus.*
* hyalin.	*hyalinus.*
* Hygrobie d'Hermann.	*Hygrobia hermanni.* Latr.
* des marais.	*uliginosa* (1).
* Hyphydre ovale.	*Hyphydrus ovalis.* Latr.
* à six pustules.	*sexpustulatus.* Sc.
* confluent.	*confluens.* Schoenh.
* rayé.	*lineatus.* Latr.
* livide.	*fusculus.* Latr.
* Haliple enfoncé.	*Haliplus impressus.* Latr.

2. Gyrinites.

Gyrin nageur.	*Gyrinus natator.* Linn.
* bicolor.	*bicolor.* Fab.

Famille II. Brachélytres.

Tribu I. Fissilabres.

Oxypore roux.	*Oxyporus rufus.* Fab.
Staphylin bourdon.	*Staphylinus hirtus.* Linn.
maxillaire.	*maxillosus.* Linn.
velouté.	*murinus.* Linn.
érythroptère.	*erythropterus.* Linn.
odorant.	*olens.* Fab.
poli.	*politus.* Fab.
bleu.	*cyaneus.* Fab.

______

(1) Dytiscus *uliginosus.* Fab.

Staphylin bipustulé.   *Staphylinus bipustulatus.* F.
   * bicolor.   *bicolor.* Fab.
   * jaunâtre.   *ochraceus.* Ol.
   * châtain.   *castaneus.* Ol.
   ..sillonné.   *sulcatus.* Fourc.
    tacheté.   *maculatus.* Fourc.
    luisant.   *globulifer.* Fourc.
    pointillé.   *punctatus.* Fourc.

Tribu II. LONGIPALPES.

* PÉDÈRE ruficolle.   *PÆDERUS ruficollis.* Fab.
    riverain.   *riparius.* Fab.
STÈNE bimoucheté.   *STENUS biguttatus.* Grav.

Famille III. SERRICORNES.

† Sternoxes.

Tribu I. BUPRESTIDES.

BUPRESTE vert.   *BUPRESTIS viridis.* Linn.
    brillant.   *nitidula.* Linn.

Tribu II. ÉLATÉRIDES.

TAUPIN ferrugineux.   *ELATER ferrugineus.* Linn.
    germanique.   *germanus.* Linn.
    nébuleux.   *murinus.* Linn.
   * marqueté.   *tessellatus.* Linn.
   * soyeux.   *holosericeus.* Linn.
   * noir-foncé.   *aterrimus.* Linn.
    noir,   *niger.* Linn.

Taupin cracheur.	*Elater sputator.* Linn.
marron.	*castaneus.* Linn.
sanguin.	*sanguineus.* Linn.
* ceinturé.	*balteatus.* Linn.
bordé.	*marginatus.* Linn.
ruficolle.	*ruficollis.* Linn.
* rouillé.	*æruginosus.* Latr.

† † Malacodermes.

Tribu I. LAMPYRIDES.

LYCUS sanguin.	*LYCUS sanguineus.* Fab.
LAMPYRE lumineux (vulg. le ver luisant).	*LAMPYRIS noctiluca.* Fab.
* luisant.	*splendidula.* Linn.
TÉLÉPHORE ardoisé.	*TELEPHORUS fuscus.* Ol.
livide.	*lividus.* Ol.
mélanure.	*melanurus.* Ol.
* pâle.	*pallidus.* Ol.

Tribu II. MÉLYRIDES.

* DRILE jaunâtre.	*DRILUS flavescens.* Ol.
* DASYTE bleuâtre.	*DASYTES cœruleus.* Fab.
MALACHIE bronzé.	*MALACHIUS æneus.* Fab.
bipustulé.	*bipustulatus.* Fab.
marginelle.	*marginellus.* Fab.
fascié.	*fasciatus.* Fab.

Tribu III. PTINIORES.

PTINE carnassier.	*PTINUS fur.* Linn.
larron.	*latro.* Fab.
* longicorne.	*longicornis.* Fab.
VRILLETTE striée.	*ANOBIUM striatum.* Ol.
de la farine.	*paniceum.* Fab.

Famille IV. CLAVICORNES.

Tribu I. CLAIRONES.

TILLÉ mutillaire.	*TILLUS mutillarius.* Latr.
formicaire.	*formicarius.* Latr.
OPILE mou.	*OPILO mollis.* Latr.
CLAIRON apivore.	*CLERUS apiarius.* Ol.
des ruches.	*alvearius.* Ol.
NÉCROBIE violette.	*NECROBIA violacea.* Fab.

Tribu II. HISTÉRIDES.

ESCARBOT unicolor.	*HISTER unicolor.* Linn.
* purpurin.	*purpurascens.* Fab.
* bimaculé.	*bimaculatus.* Linn.
quadrimaculé.	*quadrimaculatus.* Ol.
bronzé.	*æneus.* Fab.
pygmée.	*pygmæus.* Linn.
* lunulé.	*lunatus.* Fab.
* oblong.	*oblongus.* Fab.

Tribu III. Peltoïdes.

Nécrophore fossoyeur.	*Necrphorus vespillo.* Fab.
* mortuaire.	*mortuorum.* Fab.
germanique.	*germanicus.* Fab.
inhumeur.	*humator.* Fab.
Bouclier littoral.	*Sylpha littoralis.* Linn.
* thoracique.	*thoracica.* Linn.
raboteux.	*rugosa.* Linn.
sinué.	*sinuata.* Fab.
obscur.	*obscura.* Linn.
reticulé.	*reticulata.* Illig.
noir.	*atrata.* Linn.
lisse.	*lævigata.* Fab.
Ips à quatre points.	*Ips quadripustulata.* Fab.
Scaphidie agaricine.	*Scaphidium agaricinum.* Fb.

Tribu IV. Nitidulaires.

Nitidule obscure.	*Nitidula obscura.* Fab.

Tribu V. Dermestins.

Attagène ondé.	*Attagenus undatus.* Latr.
Dermeste du lard.	*Dermestes lardarius.* Linn.
renard.	*vulpinus.* Fab.
* nébuleux.	*tessellatus.* Fab.
des pelleteries.	*pellio.* Linn.
du bolet.	*boleti.* Fab.
domestique.	*domesticus.* Linn.
boulanger.	*vaniceus.* Linn.

Tribu VI. BYRRHIENS.

ANTHRÈNE bordé.	*ANTHRENUS pimpinellæ.* Fab.
destructeur.	*musæorum.* Fab.
BYRRHE pilule.	*BYRRHUS pilula.* Linn.
fascié.	*fasciatus.* Ol.

Famille *V.* PALPICORNES.

Tribu I. HYDROPHILIENS.

HYDROPHILE brun.	*HYDROPHILUS piceus.* Fab.
caraboïde.	*caraboides.* Fab.
fuscipède.	*fuscipes.* Deg.
* luride.	*luridus.* Fab.
* tête-noire.	*melanocephalus.* Fab.
livide.	*lividus.* Ol.
* globuleux.	*globulosus.* Ol.
ELOPHORE aquatique.	*ELOPHORUS aquaticus.* Fab.
* nubile.	*nubilus.* Fab.
* alongé.	*elongatus.* Fab,

Tribu II. SPHÉRIDIOTES.

SPHÉRIDIE scarabéoïde.	*SPHÆRIDIUM scarabæoides.* Fab.
Var. sans tache.	Var. *immaculatum.*
* bordé.	*marginatum.* Fab.
* lugubre.	*lugubre.* Fab.
* fimétaire.	*fimetarium.* Fab.

Famille VI. Lamellicornes.

Tribu I. Scarabéides.

1. *Coprophages.*

Ateuchus de Schœffer.	*Ateuchus Schœfferi.* Latr.
Bousier lunaire.	*Copris lunaris.* Ol.
échancré.	*emarginatus.* Ol.
Onthophage flavipède.	*Onthophagus flavipes.* Latr.
de Schreiber.	*Schreiberi.* Latr.
penché.	*nutans.* Latr.
* cénobite.	*cœnobita.* Latr.
nuchicorne.	*nuchicornis.* Latr.
taureau.	*taurus.* Latr.
chèvre.	*capra.* Latr.
vache.	*vacca.* Latr.
flagellé.	*flagellatus.* (1).
Aphodie fossoyeur.	*Aphodius fossor.* Fab.
* scrutateur.	*scrutator.* Fab.
puant.	*fœtens.* Fab.
* scybalaire.	*scybalarius.* Fab.
grenaille.	*granarius.* Fab.
souterrain.	*subterraneus.* Fab.
fimétaire.	*fimetarius.* Fab.
errant.	*erraticus.* Fab.
sale.	*conspurcatus.* Fab.

---

(1) *Copris flagellatus,* Ol.

* Aphodie taché.	*Aphodius contaminatus.* Fa.
* livide.	*lividus.* Ol.
sordide.	*sordidus.* Fab.
* bimaculé.	*bimaculatus.* Fab.
des fientes.	*merdarius.* Fab.
rufipède.	*rufipes.* Ol.
* quadrigutté.	*quadriguttatus.* Illig.
* souillé.	*consputus.* Fab.
ovale.	*ovatus.* Fab.
rougeâtre.	*rubidus.* (1).
aquatique.	*aquaticus.* (2).

2. Géotrupins.

Géotrupe phalangiste.	*Geotrupes typhœus.* Latr.
stercoraire.	*stercorarius.* Latr.
Var. vert.	Var. *viridis.*
printanier.	*vernalis.* Latr.

3. Xylophiles.

Trox des sables.	*Trox sabulosus.* Ol.
Oryctès nasicorne.	*Oryctes nasicornis.* Illig.

4. Phyllophages.

Hanneton commun.	*Melolontha vulgaris.* Fab.
du maronnier-d'inde.	*hippocastani.* Fab.

---

(1) *Scarabœus rubidus.* Ol.

(2) *Scarabœus aquaticus.* Fourc.

Hanneton cotonneux.	*Melolontha villosa.* Fab.
* hérissé.	*hirta.* Ol.
d'été.	*æstiva.* Ol.
du solstice.	*solsticialis.* Fab.
* roussâtre.	*rufescens.* Latr.
de Frisch.	*frischii.* Fab.
de la vigne.	*vitis.* Fab.
brun.	*brunnea.* Fab.
variable.	*variabilis.* Fab.
ruricole.	*ruricola.* Fab.
horticole.	*horticola.* Fab.
* floricole.	*floricola.* Fab.
fructicole.	*fructicola.* Fab.
agricole.	*agricola.* Fab.
Hoplie argentée.	Hoplia *argentea.* Latr.

5. *Mélitophylles.*

Trichie hermite.	Trichius *eremita.* Fab.
noble.	*nobilis.* Fab.
variable.	*variabilis.* Latr.
fascié.	*fasciatus.* Fab.
hémiptère.	*hemipterus.* Fab.
Cétoine dorée.	Cetonia *aurata.* Fab.
* métallique.	*metallica.* Fab.
* marbrée.	*marmorata.* Fab.
stictique.	*stictica.* Fab.
cotonneuse.	*hirta.* Fab.

Tribu II. Lucanides.

Lucane cerf-volant.	*Lucanus cervus.* Linn.
. * chèvre.	*capra.* Ol.
parallèlipipède.	*parallelipipedus.* Linn.
Platycère caraboïde.	*Platycerus caraboides.* Fc.
Var. verdâtre.	Var. *viridescens.*

Section II. Hétéromères.

Famille I. Mélasomes.

Tribu I. Blapsides.

Aside grise.	*Asida grisea.* Latr.
Blaps mucroné.	*Blaps mucronata.* Fab.

Tribu II. Ténébrionites.

Opatre perlé.	*Opatrum sabulosum.* Fab.
* Ténébrion obscur.	*Tenebrio obscurus.* Fab.
de la farine.	*molitor.* Linn.
bleu.	*cœruleus.* Fourc.
arrondi.	*rotundatus.* Fourc.

Famille II. Taxicornes.

Diapère du bolet.	*Diaperis boleti.* Fab.

Famille III. Sténélytres.

Tribu I. Hélopiens.

Hélops strié.	*Helops striatus.* Latr.

Hélops noir.   *Helops ater.* Fab.
  glabre.   *glaber.* Fab.
Cistèle jaune.   *Cistela sulphurea.* Fab.
  * céramboïde.   *ceramboides.* Fab.
  murine.   *murina.* Fab.

Tribu II. Œdemérites.

Lagrie velue.   *Lagria hirta.* Fab.
* Œdemère verte.   *Œdemera viridissima.* Ol.
  bleuâtre.   *cærulescens.* Latr.
  * céladon.   *celadonia.* Latr.
  * abdominale.   *abdominalis.* Ol.

Famille IV. Trachélides.

Tribu I. Pyrochroïdes.

* Pyrochre écarlate.   *Pyrochroa coccinea.* Fab.

Tribu II. Mordellones.

Mordelle à pointe.   *Mordella aculeata.* Linn.
  fasciée.   *fasciata.* Fab.
  striée.   *striata.* Fourc.

Tribu III. Anthicites.

Notoxe cuculle.   *Notoxus monoceros.* Fab.

Tribu IV. Cantharidies.

Cérocome verte.   *Cerocoma schœfferi.* Fab.

Méloé proscarabée.	*Meloe proscarabœus.* Linn.
* corselet-court.	*brevicollis.* Fab.
Cantharide vésicatoire.	*Cantharis vesicatoria.* Ol.

Section III. Tétramères.

Famille I. Rhynchophores.

Tribu I. Bruchèles.

Bruche des pois (Cosson).	*Bruchus pisi.* Linn.
Anthribe raboteux.	*Anthribus scabrosus.* Fab.
* varié.	*varius.* Fab.

Tribu II. Charansonites.

Attélabe tête-écorchée.	*Attelabus coryli.* Linn.
laque.	*curculionoides.* Linn.
* du peuplier.	*populi.* Fab.
du bouleau.	*betuleti.* Fab.
* de l'alliaire.	*alliariæ.* Fab.
Rhynchite bacchus.	*Rhynchites bacchus.* Herb.
Lixe paraplectique.	*Lixus. paraplecticus.* Fab.
* nébuleux.	*nebulosus.* Latr.
sulcirostre.	*sulcirostris.* Latr.
de la jacée.	*jaceæ.* Latr.
Charanson du pin.	*Curculio pini.* Linn.
géographique.	*geographicus.* Fourc.
ovale.	*ovatus.* Linn.
argenté.	*argentatus.* Linn.
vert.	*viridis.* Linn.
étoilé.	*stellifer.* Fourc.

Charanson cuprirostre.	*Curculio cuprirostris.* Fab.
pointillé.	*punctulatus.* Fourc.
* rayé.	*lineatus.* Fab.
cartisanne.	*rugosissimus.* Fourc.
CIONE de la scrophulaire.	*CIONUS scrophulariæ.* Latr.
* de la campanule.	*campanulæ.* Latr.
RHYNCHÈNE du sapin.	*RHYNCHÆNUS abietis.* Fab.
des noisettes.	*nucum.* Fab.
des baies.	*druparum.* Fab.
germain.	*germanus.* Fab.
de l'aulne.	*alni.* Fab.
CALENDRE du blé.	*CALENDRA granaria.* Clairv.
raccourcie.	*abreviata.* Fab.

Famille II. XYLOPHAGES.

Tribu I. SCOLYTAIRES.

SCOLYTE destructeur.	*SCOLYTUS destructor.* Ol.

Tribu II. BOSTRICHINS.

BOSTRICHE capucin.	*BOSTRICHUS capucinus.* Ol.

Tribu III. TROGOSSITAIRES.

TROGOSSITE caraboïde.	*TROGOSSITA caraboides.* Fab.
MYCÉTHOPHAGE quadrima-culé.	*MYCETOPHAGUS quadrimacu-latus.* Fab.

Famille III. Longicornes.

Tribu I. Prioniens.

Prione corroyeur.	Prionus coriarius. Fourc.
rouillé.	scabricornis. Fab.

Tribu II. Cérambycins.

Lamie tisserand.	Lamia textor. Fab.
cendrée.	fuliginator. Fab.
Saperde chagrinée.	Saperda carcharias. Fab.
porte-échelle.	scalaris. Ol.
* verdâtre.	virescens. Fab.
* du peuplier.	populnea. Fab.
* oculée.	oculata. Fab.
Callichrome musqué.	Callichroma moschatum. L.
Capricorne héros,	Cerambyx heros. Fab.
· savetier.	cerdo. Fab.
* hispide.	hispidus. Linn.
nébuleux.	nebulosus. Linn.
* de Kœhler.	kœhleri. Fab.
Callidie porte-faix,	Callidium bajulus. Fab.
sanguine.	sanguineum. Fab.
testacée.	testaceum. Fab.
bleuâtre.	fennicum. Fab.
* fémorale.	femoratum. Fab.
luride.	luridum Fab.
Clyte bélier.	Clytus arietis. Fab.
arqué.	arcuatus. Fab.

Var.

Var. à bandes blanches. Var. *albo-fasciatus.*
* du verbascum. *verbasci.* Fab.
quatre-points. *quadripunctatus.* Fab.
marseillais. *massiliensis.* Fab.
* gazelle. *gazella.* Fab.
à six-points. 6-*punctatus* (1).
NÉCYDALE rousse. *NECYDALIS rufa.* Linn.
humérale. *humeralis.* Fab.
veloutée. *pratlerana.* Vill.

Tribu III. LEPTURÈTES.

RHAGIE inquisiteur. *RHAGIUM inquisitor.* Fab.
bifasciée. *bifasciatum.* Fab.
du saule. *salicis.* Fab.
* brillante. *fulgidum.* Walck.
LEPTURE hastée. *LEPTURA hastata.* Fab.
mélanure. *melanura.* Linn.
* porte-croix. *cruciata.* Ol.
* tomenteuse. *tomentosa.* Fab.
éperonnée. *calcarata.* Fab.
quadrifasciée. *quadrifasciata.* Linn.
* noire. *nigra.* Linn.
à collier. *collaris.* Linn.
à huit taches. *octo maculata.* Linn.

Famille IV. EUPODES.

* DONACIE simple. *DONACIA simplex.* Fab.
* rayée. *fasciata.* Fab.

---

(1) *Callidium 6-punctatum.* Ol.

(178)

* Donacie de la sagittaire.   *Donacia sagittariæ*. Fab.
  * du nénuphar.   ,   *nymphæ*. Fab.
  crassipède.   *crassipes* Fab.
  bidentée.   · '   *bidens*. Ol.
Criocère du lis (vulg. cri-   Crioceris *merdigera*. Four.
  cri).
  à douze points.   1 2-*punctata*. Fourc.
  cyanelle.   *cyanella*. Fourc.
  mélanope.   *melanopa*. Latr.
  de l'asperge.   *asparagi*. Fourc.

Famille V. Cycliques.

Tribu I. Cassidaires.

Hispe épineuse.   Hispa *atra*. Linn.
Casside verte.   Cassida *viridis*. Linn.
  panachée.   *varia*. Latr.
  nébuleuse.   *nebulosa*. Linn.
  ferrugineuse.   *ferruginea*. Fab.
  noble.   *nobilis*. Linn.

Tribu II. Chrysomélines.

* Clythre tridentée.   Clythra *tridentata*. Linn.
  quadriponctuée.   *quadripunctata*. Linn.
Gribouri soyeux.   Cryptocephalus *sericeus*. F.
  biponctué.   *bipunctatus*. Fab.
  six-points.   *sexpunctatus*. Fab.
  brillant.   *nitens* Fab.
  rayé.   *vittatus*. Fab.

* Gribouri de morée. *Cryptocephalus moræi.* Fab.
 * flavipède. *flavipes.* Fab.
Eumolpe de la vigne. *Eumolpus vitis.* Fab.
Chrysomèle ténébrion. *Chrysomela tenebricosa.* Fb.
 de Gottingue. *Gœttingensis.* Linn.
 du gramen. *graminis.* Linn.
 * variante. *varians.* Fab.
 du peuplier. *populi.* Linn.
 * du tremble. *tremulæ.* Fab.
 polie. *polita.* Linn.
 * lapone. *laponica.* Linn.
 de la renouée. *polygoni.* Linn.
 céréale. *cerealis.* Linn.
 * fastueuse. *fastuosa.* Linn.
 sanguinolente. *sanguinolenta.* Linn.
 * schach. *schach.* Fab.
 * petite-ligne. *litura.* Fab.
 * du raifort. *armoraciæ.* Linn.
 des saules. *vitellinæ.* Linn.
 * bronzée. *ænea.* Linn.
 ruficolle. *ruficollis.* Vill.

Tribu III. Galérucites.

Galéruque de la tanaisie. *Galeruca tanaceti.* Fab.
 rustique. *rustica.* Fab.
 * nigripède. *nigripes.* Latr.
 de l'orme. *calmariensis.* Fab.
 * de l'aune. *alni.* Fab.
 * du nénuphar. *nymphææ.* Fab.

Galéruque du saule marceau. *Galeruca capreæ.* Fab.
  * bordée.   *tenella.* Fab.
LUPÈRE flavipède.   *LUPERUS flavipes.* Ol.
ALTISE de la jusquiame.   *ALTICA hyosciami.* Latr.
    rubis.   *nitidula.* Fourc.
    testacée.   *testacea.* Latr.
    fulvipède.   *fulvipes.* Latr.
    à bande jaune.   *nemorum.* Fourc.
    striée.   *exoleta.* Latr.
  * de la roquette.   *erucæ.* Latr.
    potagère (vul. Tiquet). *oleracea.* Latr.

Famille VI. CLAVIPALPES.

PHALACRE bicolor.   *PHALACRUS bicolor.* Payk.
    bronzé.   *æneus.* Payk.
  * testacé.   *testaceus.* Latr.
    pédiculaire.   *pedicularius* (1).
    bigarré.   *intersectus* (2).

Section IV. TRIMÈRES.

Famille I. APHIDIPHAGES.

COCCINELLE sept-points [vul. *COCCINELLA 7-punctata.* Lin.
Passe-vole, Perronelle].

---

(1) *Anthribus pedicularius.* Ol.
(2) *Anthribus intersectus.* Ol.

Coccinelle neuf-points.	*Coccinella 9-punctata.* Liñ.
cinq-points.	*5-punctata.* Linn.
* onze-points.	*11-punctata.* Linn.
du charme.	*carpini.* Fourc.
treize-points.	*13-punctata.* Linn.
échiquier.	*conglomerata.* Linn.
quatorze-points.	*14-punctata.* Linn.
rose.	*conglobata.* Linn.
dix-neuf points.	*19-punctata.* Linn.
vingt-deux points.	*22-punctata.* Linn.
vingt-quatre-points.	*24-punctata.* Linn.
imponctuée.	*impunctata.* Linn.
deux-pustules.	*bipustulata.* Linn.
quatre-pustules.	*4-pustulata.* Linn.
* quatorze-pustules.	*14-pustulata.* Linn.
sans pustules.	*impustulata.* Linn.
* hiéroglyphique.	*hieroglyphica.* Linn.
pubescente.	*pubescens.* Ol.
* morio.	*morio.* Fab.
* douze-mouchetures.	*12-guttata.* Latr.

Famille II. FUNGICOLES.

ENDOMYQUE des lycoperdons. *ENDOMYCHUS bovistæ.* Fab.

Ordre II. ORTHOPTÈRES.

Famille I. COUREURS.

Tribu I. FORFICULAIRES.

FORFICULE auriculaire [vulg. *FORFICULA auricularia.* Lin. Perce-oreille].

Forficule nain.   *Forficula minor.* Linn.

Tribu II. BLATTAIRES.

BLATTE des cuisines.   *BLATTA orientalis.* Linn.
　　laponne.   *laponica.* Linn.
　　pâle.   *pallida.* Ol.

Tribu III. MANTIDES.

MANTE orateur.   *MANTIS oratoria.* Linn.

Famille II. SAUTEURS.

Tribu I. GRILLONES.

COURTILLIÈRE commune.   *GRYLLO-TALPA vulgaris.* Lat.
GRILLON domestique.   *GRYLLUS domesticus.* Linn.

Tribu II. ACRYDIENS.

CRIQUET ensanglanté,   *ACRYDIUM grossum.* Ol.
　　stridule.   *stridulum.* Ol.
　　bleuâtre.   *cærulescens.* Ol.
　　bimoucheté.   *biguttulum.* Ol.
　　émigrant.   *migratorium.* Ol.
TÉTRIX biponctuée.   *TETRIX bipunctata.* Latr.
　　subulée.   *subulata.* Latr.

Tribu III. LOCUSTAIRES.

SAUTERELLE verte.   *LOCUSTA viridissima.* Fab.
　　verrucivore.   *verrucivora.* Fab.

Ordre III. Hémiptères.

Section I. Hétéroptères.

Famille I. Géocorises.

Tribu I. Longilabres.

Scutellère siamoise.	*Scutellera nigro-lineata* L
du seigle.	*secalina.* Latr.
maure.	*maura.* Latr.
Pentatome verte.	*Pentatoma juniperina.* Lat.
hémorrhoïdale.	*hæmorrhoïdalis.* Latr.
grise.	*grisea.* Latr.
des baies.	*baccarum.* Latr.
rufipède.	*rufipes.* Latr.
du chou.	*ornata.* Latr.
bicolore.	*bicolor.* Latr.
des potagers.	*oleracea.* Latr.
bleue.	*cœrulea.* Latr.
morio.	*morio.* Latr.
flavicorne.	*flavicornis.* Latr.
Corée bordée.	*Coreus marginatus.* Fab.
paradoxe.	*paradoxus.* Latr.
Lygée chevalier.	*Lygæus equestris.* Fab.
damier.	*saxatilis* Fab.
de la jusquiame.	*hyosciami.* Fab.
aptère.	*apterus.* Fab.
Miris strié.	*Miris striatus.* Fab.

Tribu II. Membraneuses.

Punaise domestique.	*Cimex lectularius.* Linn.
safranée.	*croceus.* Fourc.
des pâturages.	*pabulinus.* Linn.
crucifère.	*crucifer.* Fourc.
galante.	*monilis.* Fourc.
porte-cœur.	*cordatus.* Fourc.
des sables.	*sabulosus* Fourc.
fraise-antique.	*appendiceus.* Fourc.

Tribu III. Nudicolles.

Reduve personné.	*Reduvius personatus.* Fab.

Tribu IV. Rameurs.

Hydromètre des étangs.	*Hydrometra stagnorum.* La
Gerris des lacs.	*Gerris lacustris.* Latr.

Famille II. Hydrocorises.

Tribu I. Ravisseurs.

Nepe cendrée.	*Nepa cinerea.* Linn.
Ranatre linéaire.	*Ranatra linearis.* Fab.
Naucore cimicoïde.	*Naucoris cimicoïdes.* Fab.

Tribu II. Platydactyles.

Notonecte glauque.	*Notonecta glauca.* Linn.
Corise striée.	*Corixa striata.* Ol.

Section II. Homoptères.

Famille I. Cicadaires.

Tettigone des rosiers.	*Tettigonia rosæ.* Latr.
Cercope sanguinolente.	*Cercopsis sanguinolenta.* F.
écumeuse.	*spumaria.* Fab.
Lédre à oreilles.	*Ledra aurita.* Fab.
Centrote du genêt.	*Centrotus genistæ.* Fab.

Famille II. Aphidiens.

Psylle du buis.	*Psylla buxi.* Latr.
de l'aune.	*alni.* Latr.
du poirier.	*pyri.* Latr.
Thrips de l'orme.	*Thrips ulmi.* Linn.
Puceron du gröseiller.	*Aphis ribis.* Linn.
de l'orme.	*ulmi.* Linn.
du sureau.	*sambuci.* Linn.
du rosier.	*rosæ.* Linn.
de la tanaisie.	*tanaceti.* Linn.
du bouleau.	*betulæ.* Linn.
du hêtre.	*fagi.* Linn.
du chêne.	*quercûs* Linn.
du prunier.	*pruni.* Linn.

Famille III. Gallinsectes.

Cochenille de l'oranger.	*Coccus hesperidum.* Linn.
des serres.	*adonidum.* Linn.
de Pologne.	*polonicus.* Linn.

| Cochenille du gramen. | *Coccus phalaridis.* Linn. |
| de l'orme. | *ulmi.* Linn. |

Ordre IV. Névroptères.

Famille I. Sabulicornes.

Tribu I. Libellulines.

Libellule déprimée.	*Libellula depressa.* Linn.
Var. sylvie.	Var. *sylvia.* Fourc.
philinthe.	*philintha.* Fourc.
commune.	*vulgatissima.* Linn.
bronzée.	*ænea.* Linn.
Æshne grande.	*Æshna grandis.* Fab.
Agrion vierge.	*Agrion virgo.* Fab.
Var ulrique.	Var *ulrica* (1).
jouvencelle.	*puella.* Fab.
Var. dorothée.	Var. *dorothea.* Fourc.
sophie.	*sophia.* Fourc.

Tribu II. Ephémérines.

Ephémere commune.	*Ephemera vulgata.* Linn.
jaune.	*lutea.* Linn.
vespertine.	*vespertina.* Linn.

______

(1) *Libellula virgo.* Fourc.

Famille II. PLANIPENNES.

Tribu I. PANORPATES.

PANORPE commune. PANORPA *communis.* Linn.

Tribu II. FOURMILIONS.

MYRMÉLÉON fourmilion. MYRMELEO *formica leo.* Lin.

Tribu III. HÉMÉROBINS.

HEMEROBE perle. HEMEROBIUS *perla.* Linn.
SEMBLIDE de la boue. SEMBLIS *lutaria.* Fab.

Tribu IV. TERMITINES.

PSOC balancier. PSOCUS *pulsatorius.* Fab.

Tribu V. PERLIDES.

PERLE jaune. PERLA *lutea.* Latr.
  brune. *bicaudata.* Latr.
  flavipède. *flavipes.* Latr.

Famille III. PLICIPENNES.

FRIGANE rhombifère. FRYGANEA *rhombica.* Linn.
  grise. *grisea.* Linn.
  striée. *striata.* Linn.
  vulgaire. *vulgata.* Fourc.
  veinée. *venosa.* Fourc.
  en deuil. *funerea.* Fourc.
  musciforme. *musciformis.* Fourc.

Ordre V. Hyménoptères;

Section I. Térébrans.

Famille I. Porte-Scies.

Tribu I. Tenthrédines.

Cimbex à grosses cuisses.	*Cimbex femorata.* Latr.
Hylotome du rosier.	*Hylotoma rosæ.* Latr.
bleuâtre.	*cærulescens.* Latr.
Tenthrède trifasciée.	*Tenthredo trifasciata.* Fr.
rustique.	*rustica.* Linn.
maculée.	*maculata.* Fourc.
sibylle.	*lucorum.* Fab.
à épaulette.	*connata.* Gmel.
de la scrophulaire.	*scrophulariæ.* Fourc.
de l'églantier.	*centifoliæ.* Latr.

Tribu II. Urocères.

Urocère taureau.	*Sirex juvencus.* Linn.
géant.	*gigas.* Linn.

Famille II. Pupivores.

Tribu I. Ichneumonides.

Ichneumon gai.	*Ichneumon lœtatorius.* Fab.
cambré.	*affectator.* Linn.

Tribu II. Gallicoles.

Diplolèpe des feuilles du chêne.	*Diplolepis quercûs folii.* Ol.
du rosier.	*rosæ.* Ol.
du glécome.	*glechomæ.* Latr.
lenticulaire.	*lenticularis.* Ol.
inférieur du chêne.	*quercûs inferus.* Linn.
Cinips du bédéguar.	*Cynips bedeguaris.* Four.
pédiculé.	*quercûs pedunculi.* Linn.
rosacé.	• *geminæ.* Linn.
en grappe.	*petioli.* Linn.
foliacé.	*foliacea.* Ol.
tuberculé.	*tuberculata.* Ol.
du saule.	*capreæ* Linn.
de l'épervière.	*hieracii.* Linn.

Tribu III. Chalcidites.

Chalcide naine.	*Chalcis minuta.* Fab.
du chêne.	*quercina.* Latr.

Tribu IV. Chrysidides.

Chryside enflammée.	*Chrysis ignita.* Linn.
bleue.	*cyanea.* Fab.
Hédychre lucidule.	*Hedychrum lucidulum.* Lat.

Section II. Porte-Aiguillons.

Famille I. Hétérogynes.

Fourmi fauve.	*Formica rufa.* Linn.

Fourmi noire.	*Formica nigra.* Linn.
fuscoptère.	*fuscoptera.* Fourc.
flavipède.	*flavipes.* Fourc.

Famille II. *Fouisseurs.*

Sphex fossoyeur.	*Sphex sabulosa.* Linn.
coureur.	*viatica.* Linn.
Crabron....	*Crabro....*

Famille III. *Diploptères.*

Poliste français,	*Polistes gallicus.* Latr.
Guêpe frelon.	*Vespa crabro.* Linn.
commune.	*vulgaris.* Linn.
pariétine.	*parietina.* Linn.
infundibuliforme.	*infundibuliformis.* Four.

Famille IV. *Mellifères.*

Tribu I. Andrénètes.

Andrène mineuse.	*Andrena succincta.* Fab.

Tribu II. Apiairés.

† *Solitaires.*

Mégachile conique.	*Megachile conica.* Latr.
à cinq crochets.	*manicata.* Latr
Xylocope violette.	*Xylocopa violacca.* Latr.
Eucère longicorne.	*Eucera longicornis.* Fab.

† † *Sociales.*

Bourdon des pierres. *Bombus lapidaria.* Latr.
   des arbrisseaux.   *arbustorum.*
   des hypnes.   *hypnorum.*
Abeille domestique (vulg. *Apis mellifica.* Linn.
   mouche à miel).
   bicolore.   *bicolor.* Vill.

Ordre VI. Lépidoptères (1).

Famille I. Diurnes.

Tribu I. Papillonides.

* Satyre circé. *Satyrus circe.* Latr.
   hermite.   *briseis.* Latr.
* faune.   *fauna.* Latr.
   agreste.   *semele.* Latr.
   amaryllis.   *tithonus.* Latr.
   myrtil.   *janira.* Latr.
* *Var.* blanchâtre.   Var. *albida.* Drouët.
   tristan.   *hyperanthus.* Latr.
   bacchante.   *dejanira.* Latr.
   tircis.   *ægeria.* Latr.
   mégère.   *megæra.* Latr.
   demi-deuil.   *galathea.* Latr.
   procris.   *pamphilus.* Latr.

---

(1) Les espèces précédées du signe * ont été observées par M. Drouët.

Satyre céphale.   *Satyrus arcanius.* Latr.
Nymphale sibille.   *Nymphalis sibilla.* Latr.
    camille.   *camilla.* Latr.
    mars-changeant.   *iris.* Latr.
    * mars-orangé.   *ilia.* Latr.
Vanesse morio.   *Vanessa antiopa.* Latr.
    grande-tortue.   *polychloros.* Latr.
    petite-tortue.   *urticæ.* Latr.
    gamma.   *c. album.* Latr.
    vulcain.   *atalanta.* Latr.
    paon de jour.   *io.* Latr.
    belle-dame.   *cardui.* Latr.
Argynne tabac d'Espagne.   *Argynnis paphia.* Latr.
    * petite-violette.   *dia.* Latr.
    * grand-nacré.   *adippe.* Latr.
    nacré.   *aglaia.* Latr.
    collier-argenté.   *euphrosine.* Latr.
    * selène.   *selene.* Latr.
    petit-nacré.   *lathonia.* Latr.
    * lucine.   *lucina.* Latr.
    artemis.   *artemis.* Latr.
    damier.   *cinxia.* Latr.
    délie.   *delia.* Latr.
    dictynna.   *dictynna.* Latr.
Papillon grand porte-queue.   *Papilio machaon.* Linn.
    flambé.   *podalirius.* Linn.
Coliade citron.   *Colias rhamni.* Latr.
    souci.   *edusa.* Latr.
    soufré.   *hyale.* Latr.
Piéride gazée.   *Pieris cratægi.* Lat.

Piéride

Piéride du chou.	*Pieris brassicæ.* Latr.
de la rave.	*rapæ.* Latr.
du navet.	*napi.* Latr.
de la moutarde.	*sinapis.* Latr.
daplidice.	*daplidice.* Latr.
aurore.	*cardamines.* Latr.
POLYOMMATE du bouleau.	*POLYOMMATUS betulæ.* Latr.
du prunier.	*pruni.* Latr.
* interrompu.	*lynceus.* Latr.
du chêne.	*quercûs.* Latr.
argus-satiné.	*virgaureæ.* Latr.
argus-bronzé.	*phlœas.* Latr.
argus-myope.	*circe.* Latr.
* amyntas.	*amyntas.* Latr.
* adonis.	*adonis.* Latr.
argus-bleu.	*alexis.* Latr.
* hylas.	*hylas.* Latr.
* arion.	*arion.* Latr.
* acis.	*acis.* Latr.
cyllare.	*cyllarus.* Latr.
demi-argus.	*argiolus.* Latr.

Tribu II. HESPÉRIDES.

HESPÉRIE de la mauve.	*HESPERIA malvæ.* Fab.
grisette.	*tages.* Fab.
plein-chant.	*fritillum.* Fab.
* bande-noire.	*linea.* Fab.
* échiquier.	*paniscus.* Fab.
sylvain.	*sylvanus.* Fab.

Famille II. CRÉPUSCULAIRES.

Tribu I. SPHINGIDES.

SPHINX tête de mort (1).	*SPHINX atropos.* Linn.
du troëne.	*ligustri.* Linn.
du liseron.	*convolvuli.* Linn.
de la vigne.	*elpennor.* Linn.
du tithymale.	*euphorbiæ.* Linn.
* rayé.	*lineata.* Fab.
du laurier-rose (2).	*nerii.* Linn.
du caille-lait.	*stelkatarum.* Linn.
fuciforme.	*fuciformis.* Linn.
SMERINTHE demi-paon.	*SMERINTHUS ocellata.* Latr.
du tilleul.	*tiliæ.* Latr.
* du peuplier.	*populi.* Latr.

---

(1) Tous les auteurs n'indiquent, pour la nourriture de sa chenille, que les feuilles de la Pomme de terre et du Jasmin ; il en a cependant été trouvé une au Mans, en 1818, sur la Volkamère du Japon, *Volkameria japonica.* Thunb., qui n'a vécu que des feuilles de cet arbrisseau jusqu'à son changement en chrysalide. (*Note de M. Drouët*).

(2) N'ayant trouvé, dans aucun auteur, des caractères propres à établir les différences de sexe dans l'insecte parfait, je vais indiquer ici ceux qui m'ont paru constans:

Mâle. Abdomen à huit anneaux; sur l'avant-dernier, deux taches vert-foncé, latérales; au dernier, une tache pareille, supérieure.

Femelle. Abdomen à sept anneaux ; point de taches à l'avant-dernier ; deux taches latérales vert-foncé, au dernier (*Note de M. Drouët*).

Sésie chrysidiforme.	*Sesia chrysidiformis.* Latr.
* culiciforme.	*culiciformis.* Fab.
Zygène de la filipendule.	*Zygæna filipendulæ.* Fab.
de la scabieuse.	*scabiosæ.* Fab.
Procris turquoise.	*Procris statices.* Latr.

Famille III. Nocturnes.

Tribu I. Bombycites.

Hépiale du houblon.	*Hepialus humuli.* Fab.
Cossus ronge-bois.	*Cossus ligniperda.* Fab.
* Zeuzère du maronnier.	*Zeuzera æsculi.* Latr.
Bombyx grand-paon.	*Bombyx pavonia.* Fab.
petit-paon.	*minor.* Ol.
* tau.	*tau.* Fab.
feuille-morte.	*quercifolia.* Fab.
du chêne.	*quercûs.* Fab.
queue-fourchue.	*vinula.* Fab.
à soie (vulg. le ver à soie).	*mori.* Fab.
* de la ronce.	*rubi.* Fab.
processionnaire du pin.	*pityocampa.* Fab.
livrée.	*neustria.* Fab.
lunule.	*bucephala.* Fab.
disparate.	*dispar.* Fab.
moine.	*monacha.* Fab.
* étoilé.	*antiqua.* Fab.
* patte-étendue.	*pudibunda.* Fab.

Tribu II. Noctuo-Bombycites, ou Faux-Bombyx.

* Arctie tigre.	*Arctia lubricipeda.* Latr.
Callimorphe de la jacobée.	*Callimorpha jacobeæ.* Latr.
chinée.	*hera.* Latr.

Tribu III. Arpenteuses, ou Phalénites.

Phalène mouchetée.	*Phalæna grossulariata.* Fb
ensanglantée.	*purpuraria.* Fab.
atome.	*atomaria.* Fab.
verdelet.	*glauca.* Fab.
* réticulée.	*clathrata.* Linn.
* à deux lignes.	*bilineata.* Fab.

Tribu IV. Deltoïdes.

* Botys queue-jaune.	*Botys urticata.* Latr.
* verticale.	*verticalis.* Latr.
de la farine.	*farinalis.* Latr.
de la graisse.	*pinguicalis.* Latr.

Tribu V. Noctuélites.

* Herminie musélière.	*Herminia rostrata.* Latr.
* Noctuelle de l'érable.	*Nocrua aceris.* Fab.
hibou.	*pronuba.* Fab.
* obscure.	*atralis.* Fab.
* de la mercuriale.	*mercurialis.* Fab.
* triponctuée.	*tragopogonis.* Fab.
* suivante.	*orbona.* Fab.
* maure.	*maura.* Fab.
de la persicaire.	*persicariæ.* Fab.

Nòctuellelikenée-bleue.   *Noctua fraxini.* Fab.
   likenée-rouge.   *sponsa.* Fab.
   * découpée.   *libatrix.* Fab.
   * collier-blanc.   *albicollis.* Fab.
   * lunette.   *triplasia.* Fab.
   * choisie.   *electa.* Latr.
   * glyphique.   *glyphica.* Fab.
   gamma.   *gamma.* Fab.

Tribu VI. TORDEUSES.

PYRALE verte à bandes.   *PYRALIS prasinaria.* Fab.

Tribu VII. TINÉITES.

LITHOSIE du saule.   *LITHOSIA salicis.* Latr.
   cul-brun.   *chrysorrhœa.* Latr.
   marbrée.   *villica.* Latr.
   martre.   *caja.* Latr.
   * chouette.   *grammica.* Latr.
YPONOMEUTE du fusain.   *YPONOMEUTA evonymella.* Lt
TEIGNE des pelleteries.   *TINEA pellionella.* Latr.
   des tapisseries.   *tapezella.* Fourc.
   arlequinette.   *arlequinetta.* Fourc.
   * front-jaune.   *flavi-frontella.* Fab.
ALUCITE de Réaumur.   *ALUCITA reaumurella.* Fab.
   * de la julienne.   *julianella.* Ol.

Tribu VIII. FISSIPENNES, ou Ptérophoriens.

PTÉROPHORE monodactyle.   *PTEROPHORUS monodactylus.*
                                    Fab.

Ptérophore didactyle.   *Pterophorus didactylus.* F.
    pentadactyle.   *pentadactylus.* Fab.
Ornéode héxadactyle.   *Orneodes hexadactylus.* Lt.

Ordre VII. Diptères.

Section I. Proboscidés.

Famille I. Némocères.

Tribu I. Culicides.

Cousin commun.   *Culex pipiens.* Linn.

Tribu II. Tipulaires.

Bibion des jardins.   *Bibio hortulanus.* Fourc.
    noir.   *febrilis.* Fourc.
Scathopse noir.   *Scathopse nigra.* Fourc.
Tipule safranée.   *Tipula crocata.* Fourc.
    bruyante.   *cornicina.* Linn.
    caractéristique.   *caracteristica.* Fourc.
    lunulée.   *lunata.* Linn.

Famille II. Tanystomes.

Tribu I. Asiliques.

Asile frelou.   *Asilus crabroniformis.* Lin.
    jaune.   *flavus.* Linn.
    cendré.   *forcipatus.* Linn.
    teuton.   *teutonus.* Linn.

Tribu II. BOMBYLIERS.

BOMBYLE bichon.	*BOMBYLIUS major*. Linn.

Tribu III. ANTHRACIENS.

ANTHRACE morio.	*ANTHRAX morio*. Fab.

Tribu IV. TAONIENS.

TAON des bœufs.	*TABANUS bovinus*. Linn.
CHRYSOPS aveuglant.	*CHRYSOPS cœculiens*. Latr.
HÉMATOPOTE pluvial.	*HÆMATOPOTA pluvialis*. Lat.

Tribu V. RHAGIONIDES.

RHAGION bécasse.	*RHAGIO scolopaceus*. Fab.

Famille III. NOTACANTHES.

EPHIPPIE satinée.	*EPHIPPIUM thoracicum*. Lat.
SARGE cuivreux.	*SARGUS cuprarius*. Fab.
NÉMOTELE des marais.	*NEMOTELUS uliginosus*. Fab.

Famille IV. ATHÉRICÈRES.

Tribu I. CONOPSAIRES.

STOMOXE piquant.	*STOMOXIS calcitrans*. Fab.

Tribu II. SYRPHIES.

VOLUCELLE bourdon.	*VOLUCELLA bombylans*. Lat.
à zones.	*inanis*. Latr.

ELOPHILE abeille.   *ELOPHILUS tenax* Latr.
SYRPHE transparent.   *SYRPHUS pellucens*. Fab.
   pendant.   *pendulus*. Fab.
   inégal.   *inæqualis*.
   du rosier.   *pyrastri*. Fab.
   arqué.   *arcuatus*. Fab.
   du groseillier.   *ribesii*. Fab.
   des bois,   *nemorum*. Fab.
   guêpe.   *fœstivus*. Fab.
   brillant.   *micans*. Fab.

Tribu III. ŒSTRIDES.

ŒSTRE des moutons.   *ŒSTRUS ovis*. Linn.
   des bœufs.   *bovis*. Linn.
   hémorrhoïdal.   *hæmorrhoïdalis*. Linn.

Tribu IV. MUSCIDES.

ECHINOMYE géante.   *ECHINOMYA grossa*. Latr.
   sauvage.   *fera*. Latr.
OCYPTÈRE arrondie.   *OCYPTERA rotundata*. Lt.
MOUCHE à viande.   *MUSCA vomitoria*. Linn.
   vert-doré.   *cæsar*. Linn.
   carnassière.   *carnaria*. Linn.
   domestique.   *domestica*. Linn.
   des celliers.   *cellaris*. Linn.
   méridienne.   *meridiana*. Linn.
   des cadavres.   *cadaverina*. Linn.
   bicolore.   *bicolor*. Vill.
   marbrée.   *parietina*. Linn.

Mouche pointillée.	*Musca seminationis*. Fab.
comprimée.	*compressa*. Fab.
Scénopine des fenêtres.	*Scenopinus fenestralis*. Lat.
Scathophage stercoraire.	*Scathophaga stercoraria*.L.

Section II. Eproboscidés.

Famille I. Pupipares.

Hippobosque du cheval,	*Hippobosca equina*. Linn.
Ornithomye verte.	*Ornithomya viridis*. Latr.
Mélophage des moutons.	*Melophagus ovinus*. Latr.

Ordre VII. Aptères.

Puce commune.	*Pulex irritans*. Linn.

VI. INTESTINAUX.

Ordre I. Cavitaires.

Filaire de la forficule.   *Filaria forficulæ.* N.
Hamulaire subcomprimée.   *Hamularia subcompressa.* R.
Tricocéphale de l'homme.   *Tricocephalus dispar.* Rud.
Oxyure du cheval.   *Oxyurus curvula.* Rud.
Cucullan des poissons.   *Cucullanus lacustris.* Mull.
Ascaride lombrical.   *Ascaris lumbricoides.* Linn.
     vermiculaire.   *vermicularis.* Linn.
Strongle du cheval.   *Strongylus equinus.* Gmel.

Ordre II. Parenchymateux.

Echinorinque géant.   *Echinorhynchus gigas.* Gl.
Géroflé des poissons.   *Caryophillæus piscium.* Gz.
Douve du foie.   *Fasciola hepatica.* Linn.
Tænia large.   *Tænia lata.* Linn.
     cucurbitain (le ver soli-   *solium.* Linn.
     taire).
     vulgaire.   *vulgaris.* Linn.
     du chien.   *canina.* Linn.
     du cheval.   *equina.* Gmel.
Hydatide globuleuse.   *Hydatis globulosa.* Lam.
Hydatigère chalumeau.   *Hydatigera fistularis.* Lam.
Cénure cérébrale.   *Cœnurus cerebralis.* Rud.
Echinocoque des vétérinai-   *Echinococcus veterinorum.*
res.   Rud.

VII. POLYPES.

Ordre I. POLYPES CILIÉS.

BRACHION ovale.	*BRACHIOLUS ovalis.* Mull.
FURCULAIRE hérissée.	*FURCULARIA senta.* Lam.
URCÉOLAIRE sphéroïde.	*URCEOLARIA sphæroidea.* L.
VORTICELLE conjugale.	*VORTICELLA pyraria.* Mull.
TUBICOLAIRE quadrilobée.	*TUBICOLARIA quadriloba.* L.

Ordre II. POLYPES NUS.

HYDRE verte.	*HYDRA viridis.* Trembl.

Ordre III. POLYPES A POLYPIER,

SPONGILLE coussinet.	*SPONGILLA pulvinata.* Lam.
friable.	*friabilis.* Lam.
rameuse.	*ramosa.* Lam.
PLUMATELLE rampante.	*PLUMATELLA repens.* Lam.

VIII. INFUSOIRES.

Ordre I. INFUSOIRES NUS.

MONADE terme.	*MONAS termo.* Mull.
point.	*punctum.* Mull.
lente.	*lens.* Mull.
VOLVOCE sphérique.	*Volvox globator.* Mull.
du fumier.	*conflictor.* Mull.
ENCHÉLIDE verte.	*ENCHELIS viridis.* Mull.
VIBRION du vinaigre.	*VIBRIO aceti.* Goez.
de la colle.	*glutinis.* Goez.
GONE coussinet.	*GONIUM pulvinatum.* Mull.
CYCLIDE bulle.	*CYCLIS bulla.* Mull.
PARAMÈCE aurélie.	*PARAMECIUM aurelia.* Mull.
KOLPODE coucou.	*KOLPODA cucullus.* Mull.
BURSAIRE repliée.	*BURSARIA duplella.* Mull.

Ordre II. INFUSOIRES APPENDICULÉS.

TRICODE grésil.	*TRICHODA grandinella.* Mul.
KÉRONE masquée.	*KERONA histrio.* Mull.
CERCAIRE tenace.	*CERCARIA tenax.* Mull.
FURCOCERQUE podure.	*FURCOCERCA podura.* Mull.

MINÉRALOGIE.

Catalogue des Substances Minérales observées dans le département de la Sarthe et rangées d'après la méthode de Daubenton, par feu M. Maulny.

Classe I.

Pierres qui étincèlent par le choc du briquet.

Quartz cristallisé en pyramides hexaèdres avec des prismes.
    a. transparent.
    b. opaque, blanc-laiteux.
pyramidal sans prismes.
    a. transparent.
    b. opaque.
trièdre.
dodécaèdre.
en cristaux confus, ou indéterminés.
    a. demi-transparent.
    b. coloré par un oxide de fer.
en cristaux en forme de crête.
en cristaux roulés.
    a. diaphane.
    b. jaune, un peu enfumé.
gras. *a.* blanc.
    b. grisâtre.

[Quartz gras]. *c.* rougeâtre.

    d. noir (*jaspe schisteux*).

grenu. *a.* rouge.

    b. jaune.

    c. blanc-grisâtre.

laiteux.

carrié, ou cellulaire.

lenticulaire.

aventuriné. *a.* rougeâtre.

    b. violet.

GRÈS lustré, rubané.

vitreux. *a.* gris.

    b. jaunâtre.

    c. rouge.

    d. noirâtre.

grossier. *a.* gris.

    b. blanc.

    c. jaunâtre.

    d. rougeâtre.

friable. *a.* jaunâtre.

    b. blanc.

SABLON (1). [*quartz arénacé*] *a.* blanc.

    b. jaunâtre.

SABLE grossier. *a.* rouge.

    b. jaune.

    c. blanc.

    d. translucide.

de transport. *a.* blanc.

    b. vert et jaune.

____

(1) Propre à la fabrication du verre.

[Sable de transport]. *c.* verdâtre.

    d. brun.

    e. transparent.

AGATE. *a.* grise.

    b. grise-brunâtre.

CALCÉDOINE laiteuse.

CORNALINE rouge-jaunâtre.

PIERRE A FEU (*silex*).

    a. rousse.

    b. noirâtre.

    c. rouge.

    d. jaune-isabelle.

    e. blanchâtre.

    f. en grandes masses (*pierre meulière*).

    g. calcifère (*silicicalce*).

    h. nectique (*quartz-nectique*).

PECHSTEIN. *a.* translucide.

    b. jaunâtre.

    c. blanc.

    d. géodé avec cristaux stalactiformes de quartz.

MÉNILITE (*quartz résinite commun*).

    a. blanchâtre.

    b. jaune.

    c. noirâtre.

    d. à couches concentriques de plusieurs couleurs.

    e. cristallisé.

JADE olivâtre.

JASPE. *a.* rouge.

    b. jaune.

GRENAT commun.

FELDSPATH rose.
PÉTROSILEX jaspoïde.
    a. violet.
    b. rubané.
   compacte. *a.* verdâtre.
    b. vert, pointillé de noir.
    c. blanc.
   argileux, gris et verdâtre.
   secondaire, brun (*néopètre*).

CLASSE II.

TERRES ET PIERRES qui n'étincèlent pas sous le briquet,
et qui ne font point effervescence avec les acides.

KAOLIN. *a.* blanc.
    b. rouge.
ARGILE pure.
   en partie fusible (1) [*argile glaise*].
    a. jaune.
    b. grise.
   entièrement fusible (*argile glaise*).
    a. grise (2).
    b. jaunâtre (3).
    c. blanche (3).

---

(1) Pour la poterie de grès.
(2) Pour la poterie commune.
(3) Pour la fayence.

Argile

[Argile entièrement fusible]. *d*. grise (1).

  e bleue (1).

  f jaune (1).

  g. rougeâtre (1).

Argile absolument infusible, blanche [*argile glaise*].

ARDOISE grise.

SCHISTE commun. *a*. gris.

  b. rose.

  c. rouge.

  d. jaune.

  e. violet.

  f. verdâtre.

  g. par fragmens réunis en brèche.

 à aiguiser.

CORNÉENNE. *a*. verdâtre.

  b. noirâtre.

  c. grise.

STÉATITE terreuse, verte [*chlorite*].

 compacte, vert-noirâtre, colorée en brun par un oxide de fer.

PINITE amorphe.

TRAPP attirable à l'aimant.

  a. noir homogène.

  b. noir-verdâtre, lardé de petites lames de spath calcaire.

 non attirable, noir-violâtre.

GYPSE [*chaux sulfatée*].

---

(1) Pour les briques, tuiles, etc.

14

(Gypse). *a.* en cristaux lenticulaires, transparents.

    b. sans cristallisation déterminée.

    c. strié.

    d. feuilleté, transparent.

Mica blanc, en petites lames.

CLASSE III.

TERRES ET PIERRES qui font effervescence avec les acides.

TERRE CALCAIRE compacte [*craie*].

    spongieuse [*agaric minéral*].

    pulvérulente (*lait de lune*).

PIERRE CALCAIRE à gros grain.

    a. blanche.

    b. d'un blanc jaunâtre.

à grain fin.

    a. blanche.

    b. grise.

    c. grise-fétide.

SABLE calcaire, blanc.

MARBRE. *a.* noir.

    b. noir veiné de blanc.

    c. gris-bleuâtre.

    d. gris-jaunâtre, veiné de noir.

    e. bleuâtre, veiné de blanc et de rouge.

    f. bleuâtre, contenant de petits noyaux de quartz transparent.

SPATH calcaire.

    a. rhomboïdal, transparent (*cristal d'Islande*).

(Spath). *b*. rhomboïdal, blanc-opaque.

  c. en parallélipipèdes rhomboïdaux transpa-rents.

  e. en pyramides hexaèdres aiguës, transparentes.

  f. en prismes hexaèdres terminés par des prismes trièdres.

  g. en prismes pentagones terminés par des pyramides trièdres.

  h. lamelleux.

  i. strié, à grosses stries parallèles, transparentes.

  k. cubique, en petits cristaux groupés.

  l. rhomboïdal, à plans rhombes de 75-105.° (*spath muriatique*).

  m. en cristallisation confuse.

STALAGMITE incrustante.

ALBATRE terreux, brun-jaunâtre.

DEZ, ou jeux de Van-Helmont, en masses sphéroïdales.

CLASSE IV.

TERRES ET PIERRES mélangées de celles des trois classes précédentes.

† *Terres mélangées.*

SABLON et argile (*sablon jaune des fondeurs*).

TERRE à foulon (*argile smectique*).

  a. noirâtre.

  b. verte.

  c. grise.

BOL (*argile smectique*).

(Bol). *a.* blanc-jaunâtre.

      b. jaune.

      c. rouge.

      d. brun.

ARGILE micacée.

      a. jaunâtre.

      b. grise.

      porphyritique.

TUFAU blanc.

MARNE. *a.* jaunâtre.

      b. blanche.

      c. grise.

SABLE micacé , blanc.

† † *Pierres mélangées de deux genres.*

QUARTZ et stéatite.

      Quartz blanc et spath calcaire blanc-fauve cristal-
          lisé en lames rectangulaires.

      Quartz et roche de corne.

      Quartz en grès et argile.

      Quartz en grès et terre calcaire.

      Quartz en grès et fragmens siliceux, de plusieurs
          couleurs [*grès mélangé*].

SILEX et mica.

SCHISTE et mica.

      Schiste et quartz.

      Schiste verdâtre tendre avec cristaux de feldspath.

      Schiste grisâtre très-dur avec cristaux de feldspath.

FELDSPATU et quartz.

Roche quartzeuse verte avec cristaux de feldspath.

    Roche quartzeuse violette et cristaux de feldspath.

Roche de corne verdâtre et trapp.

Grès blanc, à gros grains agglutinés par un ciment quart-
zeux rougeâtre (*grès tertiaire*).

    Grès à grain fin ferrugineux, en table rhomboïdale.

    Grès schisteux, micacé, violet.

Pouding à ciment ferrugineux, à fragmens de quartz
de plusieurs couleurs.

    b. à ciment et fragmens quartzeux.

    c. à ciment de jaspe jaune, à fragmens de quartz blanc
et noir.

    d. arenario-calcaire.

    e. arenario-ferrugineux. [*grès ferrifère*, vul. *roussard*].

        1. amorphe.

        2. tubulé.

Brèche à ciment et fragmens siliceux.

Porphyre à base de trapp vert-noirâtre, et cristaux de
feldspath jaunâtre.

    b. à cristaux de feldspath blanchâtre passés à l'état de
kaolin grossier.

    c. vert-noirâtre, avec cristaux de feldspath blanc.

    d. rouge.

    e. rouge en décomposition.

Pierre calcaire grise avec globules de pechstein.

† † † Pierres mélangées de trois genres.

Granit composé de quartz, feldspath et mica.

    b. composé de quartz, feldspath et stéatite.

    c. composé de quartz, feldspath et schorl noir.

(Granit). *d.* violet.

c à gros cristaux de feldspath rose.

GRANITIN composé de feldspath et stéatite.

b. composé de quartz, feldspath, stéatite et grenat.

BRÈCHE à ciment argilo-ferrugineux, à fragmens de cornéenne violette et cristaux de feldspath.

POUDING à ciment ferrugineux, à grains de quartz et
fragmens de pierre argileuse.

ROCHE ARGILEUSE, verdâtre, très-dure, mélangée de
glandules de feldspath et quartz (*amygda-
loïde*).

QUARTZ en grès, argile et mica.

PORPHYRE à base de trapp argileux, entremêlé de feldspath blanchâtre et de grains de quartz.

b. à pâte schisteuse grise, avec cristaux de feldspath
blanc et grains de quartz.

CLASSE V.

SUBSTANCES COMBUSTIBLES, non métalliques.

SUCCIN [*ambre jaune*].

a. cristallisé (*cristaux formés de deux pyramides tétraèdes réunies par leur base*).

b. jaune-transparent.

c. jaune-opaque.

d. rougeâtre.

ANTHRACITE.

TOURBE limoneuse, compacte, noire.

b. fibreuse, légère, brune.

BOIS charbonné.

TERRE contenant du sulfate de fer.

CLASSE VI.

SUBSTANCES MÉTALLIQUES.

FER oxidé.

    a. bleu.

    b. rouge.

    c. rouge-bleuâtre.

    d. rouge-jaunâtre.

    e. jaune.

    f. jaune-brunâtre [*ochre de rue*].

    g. brun.

géodique.

    a. à noyau mobile [*pierre d'Aigle*].

    b. tapissé d'hématite brune striée.

    c. tapissé d'hématite noire.

hépatique.

    a. brun.

    b. jaunâtre.

hématite.

    a. noir, en masse.

    b. brun, en masse.

en roche, rougeâtre.

limoneux.

    a. en grains.

    b. brun-caverneux.

    c. rougeâtre.

    d. jaunâtre.

    e. noir-bleuâtre.

Fer attirable à l'aimant.

    a. noir, en grains.

    b. noir, en grains agglutinés.

aimant.

    a. noir, en grains.

    b. noir, en grains agglutinés.

    c. brun, en grains.

    d. brun, en grains recouvrant des fragmens de silex.

sulfuré jaune.

    a. en cristaux cubiques.

    b. amorphe [*pyrite martiale*].

        1. globuleux.

        2 cylindrique.

        3. mêlé de charbon.

PÉTRIFICATIONS.

I. PHYTOLITHÉS, ou Végétaux fossiles.

Rhizolithe. 1 *esp.* (1)
Lithoxyle. 1

Lithophylle. 6.
Lithocarpe. 2.

II. ZOOLITHES, ou Animaux fossiles.

Lithophytes, ou Coraux pétrifiés.

Corallite. 1.
Madréporite. 1.
Tubiporite. 2.
Astroïte. 5.

Escarite. 1.
Hippurite. 1.
Porpite. 1.
Corallo-fongite. 2.

Helmintholithes, ou Coquilles pétrifiées.

† *Univalves.*

Orthocératite. 1.
Belemnite. 2.
Vermiculite. 3.
Dentalite. 1.
Nautilite. 1.
Ammonite. 20.
Nummulite. 2.

Patellite. 1.
Cochlite. 9.
Trochilite. 1.
Turbinite. 6.
Buccinite. 4.
Globosite. 3.

---

(1) Les chiffres placés après les noms indiquent le nombre des espèces.

† † Bivalves:

Ostracite. 1.
Anomite. 11.
Chamite. 5.
Gryphite. 2.

Musculite. 4.
Tellinite. 6.
Cardite. 10.
Pectinite. 12.

† † † Multivalves.

Balanite. 2.

Echinite. 21.

———————————

Astacolithe. 2.
Icthyolithe. 1.

Ammite. 1.
Ostéolithe. 2.

CHAPITRE HUITIÈME.

SCIENCES MÉDICALES (1).

Exposé, dès en naissant, à des influences destructives ; soumis, dans tout le cours de son existence, à des agens nuisibles et d'autant plus nombreux que ses relations habituelles sont plus multipliées, l'homme dut nécessairement connaître la souffrance, et chercher les moyens d'en prévenir la cause ou d'en combattre les effets.

Dans l'état de nature, chaque individu prit soin de sa propre conservation; mais, des sociétés venant à se former parmi les hommes, quelques uns d'entre eux, animés du feu sacré de la philantropie, se dévouèrent exclusivement au pénible soin de soulager leurs semblables, réunirent dans un centre commun toutes les observations de leur pratique particulière, et tous les faits antérieurement recueillis.

Tel fut le sentiment honorable qui créa les médecins dignes de ce nom; telle fut la source naturelle et pure d'où l'on vit émaner la science médicale.

Borné d'abord à l'emploi de quelques moyens empiriques, l'art de guérir n'offrait encore que des résultats

---

(1) La rédaction de ce chapitre appartient à M. le docteur Lepelletier. Les articles précédés d'un astérique (*) ont été analysés par les auteurs dont ils portent le nom.

incertains ; mais il s'enrichit insensiblement par des faits nouveaux ; ceux-ci plus nombreux, rassemblés et comparés par des hommes de génie, devinrent la base inébranlable de théories lumineuses qui soulevèrent insensiblement le voile de la nature, et découvrirent aux médecins observateurs l'enchaînement qui doit toujours exister entre les causes productrices des maladies et le caractère de ces dernières, entre la composition des médicamens et les effets qu'ils sont destinés à produire.

Ce fut alors que la médecine, soumise au raisonnement, prit, avec tant d'avantage, la place de la routine aveugle, et de l'ignorant empirisme. Ce fut alors seulement quelle mérita les noms de science et d'art.

Malheureusement pour les progrès de cette science et pour l'intérêt de l'humanité, les principes de l'art de guérir ne furent pas toujours établis sur des fondemens aussi solides.

Quelques hommes d'un génie plus brillant que profond, ennemis déclarés des lenteurs inséparables de l'observation, sacrifièrent l'authenticité des faits à la frivolité des spéculations imaginaires, et ne craignirent pas d'ériger sur un aussi fragile échaffaudage, des systèmes sans réalité, mais non pas sans danger.

Quelques uns de ces hommes que rien n'éblouit, et dont le jugement froid et rigoureux sait maîtriser à propos les mouvemens désordonnés de l'imagination, élevèrent la voix, à des époques différentes contre de pareils abus ; mais le vulgaire, constamment ami du merveilleux, préféra toujours, à la vérité sans orne-

ment , l'erreur environnée d'illusions ; et cachée avec
art sous un voile mystérieux.

Cherchons nous en effet à bien apprécier quel fut
dans chaque siècle , depuis Hyppocrate jusqu'à nos
jours , l'état particulier de la science médicale , nous le
trouvons sans cesse fluctuant entre mille théories quelquefois ingénieuses , le plus souvent bizarres et presque
toujours contradictoires.

Une étonnante révolution s'opère enfin dans le monde
savant ; partout s'évanouissent , en même temps , les
rêveries de l'imagination et les subtilités de l'esprit.
Partout renaissent de concert les résultats certains de
l'expérience et les solides productions du véritable génie.
On ne reconnaît plus d'autre guide que l'observation
dans les travaux d'histoire naturelle ; aussi , quels merveilleux progrès n'ont pas fait , dans un assez petit
nombre d'années , les sciences diverses qui font partie
de ce vaste ensemble , et particulièrement la physique
et la chimie !

La médecine a ressenti , peut-être encore d'avantage ;
l'influence favorable du *siècle expérimental*, puisque
revenue à son antique simplicité , nous la voyons abandonner des spéculations stériles et sans fondement, pour
des faits scrupuleusement observés et toujours fertiles
en résultats précieux ; renoncer au jargon diffus et inin-
telligible des écoles du moyen âge , pour ne parler désormais que le langage précis de l'expérience et de la vérité.

Le médecin vraiment dévoué au perfectionnement de
son art et au soulagement de l'humanité, ne cherche
plus dans les rêveries faciles du cabinet les principes fon-

damentaux d'un système et d'une théorie ; c'est dans
l'azile même de la douleur, c'est auprès de l'homme
souffrant, dont il est le consolateur et l'appui, qu'il
vient arracher péniblement à la maladie ses secrets , à
la mort ses victimes. Le grand livre de la nature peut
seul offrir à ses avides regards les élémens d'une instruction solide et féconde en applications salutaires ;
bien persuadé que la méthode hyppocratique est la seule
qui puisse donner les moyens de concourir à l'aggrandissement de cet art sublime, que le vieillard de Côs créa
pour ainsi dire en rassemblant des matériaux jusqu'alors
épars et les enrichissant de découvertes et d'observations
aussi utiles que nombreuses. Enfin, lors même que ses
généreux efforts sont devenus impuissans , le courage et
la constance ne l'abandonnent point encore: irrité contre
une maladie qu'il n'a pu vaincre, il la poursuit jusque
sur les restes inanimés de la victime qu'elle a moissonnée ,
afin d'en mieux approfondir la nature et les effets , et de
rendre ainsi l'homme utile à l'homme au-delà du tombeau.

En comparant à la plupart des productions médicales du
moyen âge celles qui virent le jour depuis la renaissance
de l'art, peut-on ne pas être frappé du vague, de l'incer-
titude et de l'obscurité qui règnent dans les premières ,
dont le ridicule pédantisme ne justifie que trop les épi-
grammes de la satyre ; peut-on surtout, ne pas admirer
la précision, la fixité, disons spécialement la clarté qui
caractérisent les dernières , et les rendent intelligibles
même pour les personnes étrangères à la science ? tel est
. en effet le propre de la vérité, jamais elle n'évite le grand
jour.

Le bon esprit et la raison qui respirent dans les ouvrages de l'école moderne rendent précieux, pour l'avancement de la science, ceux même qui, au premier aspect semblent les moins importans; nous croyons dès lors payer un tribut d'utilité en consignant dans ce recueil l'analyse raisonnée des mémoires écrits par nos collègues sur différens points de médecine, et déposés par eux dans les archives de la Société.

Observations générales sur l'organisation relative aux Officiers de santé de l'hôpital du Mans, par M. Jeslin (1).

Dans ces observations dictées par la philantropie, notre habile confrère fait sentir avec raison que l'établissement des hôpitaux ne doit avoir qu'un seul but, le soulagement de l'homme infortuné luttant péniblement contre la misère et la douleur !

Il démontre ensuite que deux conditions principales s'offrent à remplir pour atteindre un aussi beau terme :

1.º Rassembler autour des malades les hommes qui, par leur instruction, leur habileté, mais surtout leur exactitude et leur zèle, sont le plus capables de se rendre utiles.

2.º Former des élèves à l'étude indispensable de l'anatomie, de la physiologie, de la clinique chirurgicale et médicale, afin de disposer, ceux qui veulent se per-

---

(1) Le Mans, Monnoyer, An X. 8 p. in-4º.

fectioner dans la capitale, à suivre, avec fruit, les précieuses leçons des grands maîtres, afin surtout de donner
à ceux qui désirent se fixer dans les campagnes, toutes
les connaissances nécessaires à l'exercice du plus important ministère, puisqu'il s'agit de la vie des hommes,
trop souvent confiée à la routine et à l'impéritie.

Organiser le service de santé de manière à y faire par-
ticiper les médecins et chirurgiens qui en seraient capables, afin d'augmenter par ce moyen l'étendue des ressources médicales, tel est le moyen proposé par M.
Jeslin pour remplir la première condition. L'objet de la
seconde consisterait à organiser l'enseignement médical
à l'instar de celui de Paris, de Bordeaux, de Montpellier,
de Strasbourg, de Lyon, de Nantes, d'Angers, en un
mot, de toutes les villes où l'on tient essentiellement à
l'aggrandissement de la science et à la propagation
des lumières; organisation qui consisterait à créer des
élèves internes et externes, chargés du service de santé,
chacun dans ses attributions; à confier aux hommes
capables d'enseigner, les leçons qui seraient plus spécialement de leur compétence.

Notre collègue ne craint pas d'affirmer qu'en agissant
ainsi, l'administration ne tarderait pas à se féliciter
d'avoir pris des mesures qui conc'liront à la fois l'économie de l'établissement et le bien des malades, la régu-
larité du service et l'instruction des hommes appelés à
décider de la vie ou de la mort de leurs semblables.

L'auteur exprime aussi son vœu pour l'établissement
d'un hospice de maternité, et pense, avec St. Paul, qu'on
ramène plus facilement le vice à la vertu, par une sage
tolérance,

tolérance, qu'en abandonnant les victimes de l'erreur au désespoir qu'entrainent la honte et la misère, inséparables de la position d'un grand nombre de filles, mères. Dans l'état actuel de la civilisation, l'enfant naissant au sein de la pauvreté, a droit à la bienveillance publique, pour ses besoins religieux et physiques. On a déjà obtenu de cet établissement tous les avantages qu'on avait lieu d'en attendre, sous le double rapport de la charité et de l'instruction des sages-femmes qu'on y forme annuellement.

Rapport sur le tentamen medicum *du docteur Vaidy, par M. Mallet.* (*Cette thèse soutenue dans l'an XII, a pour titre :* De l'usage et des abus de la saignée.)

Il nous semble d'après ce rapport, que l'ouvrage analysé (et dont nous ne sommes pas dépositaires) a pour but de déterminer les cas dans lesquels la saignée peut être avantageuse ou nuisible.

L'usage de ce moyen, fait observer l'auteur, est presqu'aussi ancien que l'art médical; on pratiquait en effet la phlébotomie lors même que la circulation du sang n'était point connue. Hyppocrate en avait sans doute observé les heureux effets, puisqu'il conseillait dans les grandes inflammations des viscères, et dans les violentes douleurs, de laisser couler le sang jusqu'à la syncope.

La saignée, dit M. Vaidy, très-utile dans les fièvres inflammatoires toujours accompagnées d'un excès d'énergie du principe vital, est très-dangereuse, et même

mortelle dans les fièvres ataxiques et adynamiques, au
contraire toujours compliquées d'un état de prostration
des forces.

On pensait et l'on écrivait ainsi dans l'an 12, mais
aujourd'hui tous les médecins instruits savent que la
fièvre n'est point une affection morbifique particulière,
mais seulement l'un des symptômes de l'inflammation,
lors que celle-ci étend son action, soit directement, soit
sympathiquement, au centre circulatoire dont l'altération
des mouvemens amène la perversion consécutive des
battemens du poux; que la prétendue *fièvre ataxique*
n'est autre chose que le résultat d'une phlogose plus ou
moins intense, ayant son siège dans le cerveau ou ses
membranes; que la fièvre dite *adynamique*, n'est le plus
souvent, qu'une inflammation intestinale de la membrane
muqueuse surtout, exaspérée par des moyens incendiaires. Que devient dès lors cette distinction de l'effica-
cité des saignées dans telle ou telle fièvre, elle tombe
avec l'ancien système.

On faisait vomir, on purgeait, on donnait jadis le
quinquina dans les prétendues *fièvres ataxiques et adynamiques*, et l'on perdait à peu près tous les malades
qui n'étaient pas assez fortement constitués pour résister
au traitement et à la maladie.

Aujourd'hui, dans les mêmes circonstances, on calme
la maladie principale, *l'inflammation*, par la diète, les
boissons délayantes, les saignées générales ou locales
suivant l'indication, et l'on guérit le plus grand nombre
des malades.

L'auteur pense, avec raison, qu'il ne faut pas adopter

l'opinion de ceux qui défendent la saignée après le 4.e ou 5.e jour d'une maladie, mais qu'on doit seulement se baser, pour son emploi, sur le siège et l'intensité de l'inflammation, et non sur le temps de son existence.

M. Vaidy prétend que les descendans de parens morts d'inflammations locales, ne peuvent être guéris que par des saignées fréquentes. Il suffit d'observer le peu de similitude que l'on rencontre souvent entre les pères et les enfans sous le rapport de la constitution, pour apprécier cette assertion à sa juste valeur.

Le rapporteur ajoute que M. Vaidy recommande, avec raison, d'être circonspect dans l'emploi de la saignée contre les maladies épidémiques; mais, si ces maladies sont inflammatoires, pourquoi ne remplirait-on pas l'indication présentée par les symptômes.

L'auteur fait observer, avec plus de justesse, que la saignée est d'autant plus avantageuse, dans les phlegmasies, que le sujet affecté a contracté l'habitude de se faire tirer du sang.

Il est également d'observation que les hommes livrés, en même temps, à l'inaction et au régime succulent, ont plus souvent besoin de la saignée que ceux qui s'exercent beaucoup et qui vivent très-sobrement; que la saignée convient mieux aux sanguins qu'aux bilieux, qu'aux lymphatiques, et surtout qu'à ceux dont l'embonpoint est excessif; quelle est plus rarement utile aux enfans et aux vieillards qu'aux adultes, plus souvent indiquée chez l'homme que chez la femme.

*Observations sur les fièvres nerveuses, par M. Hufeland,
médecin en chef de l'hôpital de la Charité de Berlin, ouvrage traduit de l'Allemand et augmenté de
notes, par M. Vaidy (1807).*

Cet opuscule, sorti de la plume d'un homme célèbre, renferme des idées lumineuses, mais sans liaison, des vues médicales, mais sans fondement solide. Nous l'analyserons avec quelques détails, parce qu'il semble écrit exprès pour faire sentir toute l'incohérence des raisonnemens établis sur la doctrine des fièvres, et pour faire ressortir d'avantage toute la justesse des théories physiologiques.

L'auteur s'occupe de la maladie qui ravagea l'Allemagne en 1806 et qui régna épidémiquement dans ce pays sous le nom de thyphus.

Il place au nombre des causes principales, chez les militaires, les fatigues, les incommodités du transport, la mauvaise qualité des alimens, les passions tristes, les regrets de quitter sa patrie, l'habitation inaccoutumée dans une contrée maritime, sous un climat septentrional.

Il décrit, comme symptômes particuliers, *les diarrhées opiniâtres, l'abattement, l'inappétence, le malaise, une disposition fébrile, des douleurs compressives dans la tête, des céphalalgies violentes, souvent insupportables, des étourdissemens, la vitesse, l'inégalité du pouls, les urines troubles, une grande sensibilité des yeux, la prostration des forces, le hoquet, les vomis-*

semens, la dysurie, les péléchies, la teinte fuligineuse de la langue, etc. etc.

Si l'on examine avec attention cet ensemble de symptômes exposés sans ordre, n'y reconnaît-on pas évidemment, tantôt une inflammation de la membrane muqueuse intestinale, inflammation qui s'étend progressivement à toute l'épaisseur du tube digestif, et quelquefois même au péritoine; tantôt une phlegmasie, soit du cerveau, soit de ses membranes. Pourquoi, dès lors, ne pas isoler des maladies aussi différentes au lieu de les considérer comme des variétés de la même affection? Comment, d'après une telle confusion, établir la base d'un traitement raisonné? la suite de cet examen décidera la question.

L'auteur ne voit partout qu'un *état de faiblesse;* aussi parle-t-il souvent de *toniques, d'excitans diffusibles, de corroborans;* et cependant, il reconnaît les funestes effets du kinkina dans le plus grand nombre des circonstances lorsqu'il existe diarrhée violente; mais la force du système l'emporte constamment sur celle de l'observation; les excitans sont mis en usage, et, suivant les différens cas, la valériane, l'acétate ammoniacal, la liqueur d'hoffmann, l'infusion de sureau unie au vin, la serpentaire, le camphre, le musc, l'éther, l'alcohol, la canelle, etc. sont prodigués aux malades.

Il est bien important de faire observer que l'auteur dit avoir obtenu des effets très-avantageux de l'opium; on conçoit facilement qu'un tel moyen était indispensable pour engourdir la sensibilité générale, et rendre moins désastreuse l'influence de ces médicamens incendiaires.

Cette phrase est surtout bien remarquable : « mais
» spécialement l'usage des bains à 27 degrés Réaumur,
» était bienfaisant au-dessus de toute expression; aucun
» des moyens n'opérait aussi promptement pour relever
» les forces abattues, pour diminuer la vitesse, rétablir
» l'égalité et l'énergie du pouls..... les lavemens avec
» l'amidon et l'opium furent encore très-efficaces. »

On serait d'abord tenté de croire que l'auteur, d'après
ces heureux effets des moyens antiphlogistiques, va
reconnaître enfin la nature inflammatoire de la maladie,
et diriger son traitement d'après l'observation; mais
non, l'esprit de système est aveugle pour tout ce qui
ne rentre pas dans sa sphère, et notre auteur voyant
toujours *l'état de faiblesse*, n'abandonnera pas entièrement *les toniques* et *les excitans*, lors même qu'ils
produiront des effets funestes.

Nous citerons la dernière observation renfermée dans
cet opuscule, parce qu'elle semble s'offrir d'elle-même,
pour servir de complément à nos réflexions.

Il s'agit d'un officier atteint de la *prétendue fièvre
nerveuse*, chez lequel on observait, comme principaux
symptômes, le hoquet, le vomissement, la diarrhée, le
météorisme du ventre, une extrême faiblesse, le tremblement universel. L'infusion de valériane, la serpentaire,
le vin et, chose remarquable, en même temps l'opium
furent administrés pendant deux jours sans aucun succès,
les vomissemens continuèrent et le météorisme augmenta; un topique excitant fut appliqué sur l'abdomen,

un lavement avec l'opium et l'amidon fut donné toutes les douze heures, le malade ne prit, pour toute boisson, qu'une émulsion de gomme arabique avec addition de quelques gouttes de laudanum ; dès le même jour, tous les accidens se calmèrent. Quel trait de lumière pour des yeux qu'une fausse théorie n'aurait pas fascinés ! l'auteur n'en tire aucun avantage, on le voit toujours incertain dans sa marche, administrer en même temps les moyens les plus opposés dans leurs résultats, et donner simultanément le musc, *le vin de Madère, l'amidon et la gomme arabique.*

Cherchons nous la cause de ces hésitations, disons encore, de ces contradictions dans l'emploi des moyens thérapeutiques, nous la trouvons dans le défaut d'appréciation du véritable caractère de la maladie. En médecine, comme dans toutes les autres sciences, l'essentiel est d'établir son jugement sur une base invariable ; si vous partez d'un principe faux, tous vos raisonnemens seront sans fondement, toutes vos conséquences erronées.

Décrire des maladies, sous les noms de fièvres *pestilentielles, putrides, ataxiques, de typhus etc.,* c'est donc évidemment s'exposer à l'inévitable inconvénient d'offrir l'assemblage monstrueux des symptômes les plus incohérens et les plus opposés, puisque c'est décrire les effets pour la cause ; effets qui peuvent être produits par des maladies essentiellement différentes par leur nature, leur siège, et par le traitement qu'elles exigent.

Nonobstant ces imperfections indépendantes du mérite de l'auteur et relatives au temps où fut composé l'ouvrage, la science accordera des remercimens à M.

Hufeland, pour les observations qu'il a transmises, et nous devons de la reconnaissance à M. Vaidy, qui les a fait passer dans notre langue avec toute la précision. et la pureté dont elle est susceptible.

Mémoire sur cette question, Est-il vrai que la méde-cine puisse rester étrangère à toutes les sciences, et à tous les arts qui n'ont pas pour but d'éclairer sa pra-tique; par M. Bouvier (Paris 1807).

L'auteur, dans un style énergique et souvent agréable, combat victorieusement les idées bizarres de ces esprits rétrécis, qui voudraient faire adopter en princpe que l'on peut acquérir des connaissances médicales précises et suffisamment étendues , pour l'exercice éclairé de la médecine, sans prendre la peine d'étudier les sciences accessoires.

C'est par des faits que M. Bouvier renverse d'aussi étranges assertions; il prouve que les hommes les plus distingués dans l'art de guérir furent aussi les plus versés dans les sciences accessoires. Ses raisonnemens sont pressans et ne laissent rien à répliquer ; des com-paraisons bien soutenues diminuent la sécheresse du sujet, et font, de cette brochure, un opuscule qu'on ne lit pas sans beaucoup d'intérêt; nous en terminerons l'examen par quelques réflexions directement liées au but que s'est proposé l'auteur, et qui mettront dans tout leur jour les vérités qu'il a soutenues avec tant d'avantage.

Quelles sont les sciences accessoires à la médecine ? on peut répondre que toutes s'y rapportent plus ou

moins directement, et qu'il serait à désirer que le médecin en possédât, au moins, les notions fondamentales ;
mais l'esprit humain ne pouvant embrasser un aussi
grand nombre d'objets, il est indispensable de s'arrêter
aux points les plus importans.

Nous regardons comme essentielle au médecin, l'étude
de la physique, de la chimie, des mathématiques, et de
l'histoire naturelle proprement dite ; en effet, on ne peut
acquérir des connaissances médicales solides sans connaître parfaitement l'anatomie et la physiologie, bases
principales de ces connaissances : or le raisonnement et
l'expérience démontrent qu'il est impossible d'étudier,
avec fruit, ces deux sciences sans avoir d'abord appro-
fondi celles que nous venons d'indiquer. Comment, en
effet, comprendre la vision si l'on ignore l'optique,
la dioptrique et la catoptrique ; comment comprendre
l'audition si l'on ne connaît pas l'acoustique ; comment
expliquer les phénomènes de la respiration si l'on n'a
puisé dans la chimie pneumatique toutes les notions
relatives aux différens gaz, et spécialement à l'air atmos-
phérique ; comment enfin se former une juste idée de
la mécanique animale, partie, sans contredit, la plus
belle de la physiologie, si l'on ne connaît déjà les lois
du mouvement, la manière d'agir des poulies, des
leviers, et si l'on ignore encore ce qu'il faut entendre
par puissance, résistance, point mobile et centre de
gravité ? Combien d'autres exemples ne pourrions nous
pas citer qui démontreraient également jusqu'à l'évidence que les sciences doivent être considérées comme
les différentes parties d'un même tout, ou mieux, comme

les divers anneaux, de la même chaîne ; et que vouloir
devenir médecin sans étudier les sciences accessoires,
c'est vouloir marcher constamment dans les ténèbres,
et se condamner, pour le moins, à l'incurable médio-
crité ?

Mais, si l'étudé de ces sciences, et leurs applications
à l'art médical, présentent de grands avantages ; leur
abus peut offrir des inconvéniens peut-être plus grands
encore ; il faut donc les interroger, mais recevoir leurs
réponses avec prudence et discernement.

N'est-ce pas en effet manquer son but que négliger
la médecine proprement dite pour les sciences accessoires, comme l'ont fait plusieurs hommes célèbres qui
purent bien obtenir le titre de savans, mais qui ne méri-
tèrent jamais celui de praticiens habiles.

Ne doit-on pas attribuer les pas retrogrades que fit
l'art de guérir dans l'époque la plus voisine de la nôtre,
aux fausses applications de ces mêmes sciences, et à la
manie d'expliquer les phénomènes de la vie par les lois
physico-chimiques, en attribuant les altérations morbifiques des êtres animés, à la présence d'acides, d'alkalis
et de sels développés dans les humeurs sous l'influence
de l'attraction et de l'affinité.

Le plus simple examen des êtres doués de la vie,
suffit cependant pour démontrer que l'économie vivante
se comporte à sa manière au milieu de l'économie générale, et que l'on y trouve constamment une lutte remarquable entre les forces physico-chimiques et les forces
vitales qui s'influencent réciproquement dans leur action ;
tant que les secondes l'emportent sur les premières, le

flambeau de la vie s'entretient ; il ne tarde point à s'éteindre dans la circonstance opposée, et le corps organisé, dès lors abandonné aux attractions et aux affinités, devient bientôt le siège d'une décomposition générale.

Ces réflexions ont heureusement fait disparaître de nos jours tous les systêmes inintelligibles du moyen âge, et la médecine rendue à son antique simplicité ne peut désormais que faire des progrès rapides, si les hommes qui la cultivent ne dévient pas de nouveau du sentier de l'observation, et surtout s'ils prennent pour dévise dans les applications qu'ils feront des sciences accessoires, *in medio stat veritas*.

Essai sur les causes et la nature de quelques maladies fréquentes dans la ville du Mans ; dissertation inau-gurale, par M. Goupil (1810 in-4°).

L'auteur pose en principe que le tempéramment, et par suite les maladies, sont en grande partie, le résultat des influences hygiéniques. Qu'il est par conséquent facile d'observer une grande conformité de caractère, de constitution, et d'altérations morbifiques, chez les habitans de la même contrée ; vérité dès long-temps mise au jour par le grand Hyppocrate.

M. Goupil considérant ensuite abstractivement les Manceaux, leur attribue comme plus particuliers, les tempéramens *bilieux*, *bilioso-pituiteux*, *bilioso-san-guin*. Les recherches que j'ai faites sur cet objet ne m'ont pas toujours donné les mêmes résultats. En effet, si l'on ne considère que les habitans de la ville, partie

sur le plateau , partie sur le sommet et le penchant de
la colline bornée par la Sarthe , on s'aperçoit bientôt
que les tempérammens lymphatique et lymphatico-san-
guin y sont les plus nombreux.

M. Goupil ajoute que son opinion est spécialement
« établie sur le caractère des habitans qui sont laborieux,
» per évérans surtout dans leurs coutumes qu'il est très-
» difficile de leur faire abandonner pour de meilleures. »
La première de ces assertions pourrait , je crois , être
contestée pour le plus grand nombre des Manceaux ; quant
à la seconde, il suffit pour en sentir toute la justesse , de
pratiquer la médecine pendant quelques mois dans cette
ville.

M. Goupil fait ensuite , avec autant d'exactitude que
de brièveté , la topographie médicale du Mans. Il établit
en principe que les vents les plus ordinaires sont ceux
d'ouest et de sud ; que les eaux le plus généralement
employées aux usages domestiques , sont celles de puits
ou de fontaines.

Nous ferons observer que ces eaux sont en général
d'assez mauvaise qualité, et que l'on trouverait de bien
grands avantages à se servir des eaux de rivière convenablement épurées ; celles-ci étant beaucoup plus agréables
au goût, beaucoup plus faciles à digérer , et donnant
aux légumes un degré de coction bien plus parfait.

Après ces considérations sur les localités de la ville
du Mans , l'auteur passe en revue les maladies qui lui
semblent le plus souvent en affecter les habitans : telles
sont les angines vers le printemps, *les fièvres quotidien-
nes et quartes, les fièvres pernicieuses ;* les dyssenteries

surtout, maladies qui paraissent aujourd'hui moins souvent épidémiques. M. Goupil fait à cette occasion des
remarques pleines d'intérêt ; il combat, avec raison,
un préjugé qui porte à penser que les melons fournissent
la substance alimentaire la plus capable d'occasionner
la dyssenterie. L'expérience démontre en effet que tous
les fruits sucrés, loin de produire cette altération morbifique lors qu'ils sont arrivés à maturité parfaite, offrent
au contraire l'un des moyens les plus puissans pour la
combattre.

Notre collègue termine ce paragraphe par une sortie
bien méritée contre les faux savans et les commères qui
se croient capables de tout décider dans l'art de guérir,
parce qu'ils auront lu quelques traités de médecine
populaire, ouvrages beaucoup plus dangereux que les
maladies dont ils s'occupent, par les funestes applications qu'en font à chaque instant ces prétendus *gué-
risseurs*, véritables fléaux de l'humanité.

M. Goupil ajoute encore que les affections muqueuses
sont très-fréquentes au Mans pendant l'hiver, observation dont nous avons reconnu la justesse en 1818 ;
pendant une épidémie catarrhale des plus violentes, et
contre laquelle le traitement antiphlogistique offrit toujours les plus heureux effets.

*Observations sur la propriété vénéneuse du suc laiteux
du Rhus radicans faites en 1810, par M. Marigné.*

Le *Rhus radicans*, variété du rhus *toxico dendron*,
sumac traçant ou vénéneux, est un arbrisseau laiteux

qui croît naturellement à la Caroline, et que Linné range dans la pentandrie diginie, et Jussieu dans la famille des térébenthacées ; maintenant cultivé en Europe où il réussit parfaitement. Bien que placé au nombre des poisons âcres, l'extrait aqueux de cet arbrisseau est recommandé par que'ques médecins dans le traitement des dartres, des convulsions, de la paralysie, etc.

1.re *Observation.*

M. Marigné désirant préparer l'extrait aqueux du rhus radicans, charge l'un de ses jeunes gens de cueillir, dans son jardin, les feuilles de cet arbrisseau, en indiquant le danger qu'il y aurait à recevoir, sur une partie quelconque de la peau, le suc laiteux du végétal. — L'élève, sans doute inattentif à ce sage conseil, est touché sur les mains par ce suc vénéneux ; des taches noires s'y manifestent et sont tellement inhérentes au tissu de la peau qu'aucune lotion ne peut les faire disparaître ; elles s'effacent néanmoins insensiblement au huitième jour : en même temps un érysipèle très-intense s'empare des deux bras, le gonflement est considérable, des phlictènes contenant une sérosité âcre se développent sur plusieurs points des parties enflammées, et font éprouver un sentiment de brulûre très-incommode, l'inflammation qui heureusement se borne aux membres thoraciques est tellement forte, que le malade est incapable de boire et manger seul. Boissons délayantes, fomentations émollientes et narcotiques. Guérison au neuvième jour avec desquammation de l'épiderme.

(239)

2.ᵉ *Observation.*

Un autre élève ne pouvant croire que ces accidens eussent été produits par le suc laiteux, résolut d'expérimenter sur lui-même, nonobstant les observations éclairées de M. Marigné ; une seule goutte du suc vénéneux fut déposée sur le dos de la main gauche ; huit jours après les mêmes accidens se présentèrent sur le bras gauche, la maladie parcourut les mêmes périodes, et céda au même traitement.

3.ᵉ *Observation.*

Un pharmacien, ami de M. Marigné, portait une dartre à l'une des mains ; un médecin lui conseilla de la traiter par l'extrait de rhus radicans. — M. Marigné conduisit cet ami dans son jardin, et les mains couvertes de gants, il recoltèrent ensemble, au moyen de ciseaux, une assez grande quantité de feuilles pour préparer cet extrait. Malgré ces précautions, quelques gouttes du suc laiteux atteignirent l'ami de M. Marigné à l'avant bras ; des lotions répétées furent faites à l'instant même ; cependant un érysipèle se manifesta huit jours après, et la dartre disparut. Comme l'observe fort judicieusement notre modeste et savant collègue, *un mode d'irritation en détruisit un autre*, dans tous les cas, la plante se trouvait près de sa floraison, époque à laquelle sa végétation est beaucoup plus active.

Le rhus radicans doit la propriété de produire de pareils effets à la présence d'un principe volatil délétère à l'état d'hydro-carbone, principe qui se détruit sans doute par la dessication, puisque les feuilles qui l'ont éprouvée sont appliquées sans danger à la surface de la peau.

Analyse par Van-Mons. — principe volatil inflammable, hydro-carbonné; — tanin; — acide gallique; — fécule verte; — un.peu de résine et de principe gommeux.

Ces intéressantes observations prouvent 1.° que le suc laiteux du rhus radicans se combine avec la peau à l'instant du contact, puisque des lotions, faites immédiatement, ne peuvent ni l'enlever ni en prévenir l'absorption; 2.° que cette absorption ne s'effectue qu'avec assez de lenteur, puisque huit jours au moins sont nécessaires au développement de l'inflammation; 3.° enfin que ce suc est très-âcre, très-irritant, puisqu'une seule goutte suffit pour déterminer consécutivement un érysipèle de tout le membre sur lequel on l'a déposée.

Considérations sur les influences que peuvent avoir dans la pratique chirurgicale, les vices scrophuleux, scorbutique et cancereux; dissertation inaugurale par M. Goupil (1811 in-4.°).

L'auteur entend par vice « une altération générale des liquides, qui tend constamment à reproduire des maux de la même nature, souvent transmissibles par le contact, quelquefois même par l'allaitement. » Il regarde cette altération des liquides animaux comme la maladie principale.

Sans rejeter cette viciation des humeurs chez les
scrophuleux

scrophuleux, nous croyons avoir, ailleurs, suffisamment démontré qu'on doit toujours la considérer comme l'effet d'une altération antérieure dans les solides chargés d'élaborer ces mêmes humeurs ; la cause devant nécessairement toujours exister avant les résultats qu'elle produit.

M. Goupil considère, avec raison, les scrophules comme une maladie constitutionnelle, et pense qu'il est impossible de les guérir par l'ablation des parties où se manifestent les symptômes locaux.

L'auteur émet les mêmes idées relativement au scorbut ; il affirme, avec les bons observateurs, que celui de terre ne diffère nullement de celui de mer ; que l'altération peut s'étendre à tous les systêmes, mais qu'elle affecte une sorte de prédilection pour le musculaire.

Le vice cancereux, d'après l'opinion de l'auteur, peut également désorganiser tous les tissus, et leur donner un aspect homogène ; caractère particulier à cette dégénération : notre confrère semble également penser que cette maladie, comme les précédentes, est constitutionnelle dans toutes les circonstances.

Dans cet opuscule, M. Goupil remplit l'objet de son titre, en inspirant un peu plus de circonspection aux médecins qui, toujours le scalpel en main, prétendent guérir, dans tous les cas, par l'ablation des parties désorganisées, les affections scrophuleuses, scorbutiques et cancereuses.

Traité complet sur la maladie scrophuleuse, par M. Lepelletier (Paris 1818. in-8° 508 p.).

L'auteur divise son travail en deux parties principales: la première est relative à toutes les circonstances qui peuvent éclairer le diagnostic de la maladie; la seconde comprend l'histoire de tous les moyens capables de la combattre ou d'en prévenir le développement.

Première partie. — En étudiant la nature des scrophules, l'auteur fait sentir l'indispensable nécessité de fixer l'attention des praticiens sur le véritable caractère de cette maladie, puisqu'il est impossible sans cela de partir d'un principe certain, et d'agir avec sécurité.

Pour arriver à ce but, il passe en revue les théories des auteurs sur ce point essentiel, et conclut en faisant observer qu'il est important de bien distinguer dans les scrophules, 1.° la constitution scrophuleuse ; 2.° les maladies scrophuleuses locales. Il démontre par l'exposition des causes et des effets, que la constitution scrophuleuse dépend toujours *d'une altération nutritive; d'un defaut d'assimilation dans la substance animale,* altération qui porte spécialement sur les tissus blancs, dont l'énergie vitale est généralement moins active. L'auteur démontre par le raisonnement, par les expériences de ceux qui ont écrit sur le même sujet, enfin par des inoculations tentées sur lui-même, que les scrophules ne sont pas contagieuses; que les maladies scrophuleuses locales sont toujours, au moins dans leur principe, des irritations ou inflammations qui ne diffèrent des autres que par la nature des organes qu'elles affectent en se *entant,* pour ainsi dire, sur la diathèse écrouelleuse.

Considérant ensuite les symptômes de la maladie sous le triple rapport du physique, des fonctions de l'économie vivante, enfin du moral, l'auteur en expose le tableau complet.

Viennent ensuite les distinctions entre la constitution scrophuleuse et les affections locales du même nom. Les complications de cette maladie, l'explication des effets que produit la diathèse scrophuleuse sur le tissu osseux, et les preuves qui démontrent que le rachitis n'est autre chose que l'affection strumeuse des os ; l'histoire, d'abord générale, ensuite particulière des maladies scrophuleuses locales, telles que les engorgemens du col, le carreau, la phthisie tuberculeuse, la tumeur blanche, la luxation spontanée, le pédarthrocace, les vertébralitis, le goëtre, les abcès froids, etc., maladie que la plupart des auteurs considèrent comme des affections distinctes, et qui cependant ne sont autre chose que la même altération offrant seulement quelques différences d'aspect, relatives à la structure organique du tissu lésé, puisqu'en dernière analyse elles présentent toujours des inflammations affectant des organes entachés de la constitution scrophuleuse.

Les causes de ces affections sont distinguées en déterminantes liées à la diathèse écrouelleuse, et déterminantes distinctes de cette constitution.

En traitant du pronostic, l'auteur apprécie les chances de succès qui peuvent d'avantage le faire varier, telles que le climat, l'âge, le sexe, le genre de vie, la profes-

sion, les complications soit indépendantes de la constitution scrophuleuse, soit relatives aux affections locales
du même nom.

L'auteur termine cette première partie par la solution
affirmative de deux questions importantes.

1.º La maladie scrophuleuse est-elle susceptible d'une
guérison radicale?

2.º Un malade de l'un ou l'autre sexe, peut-il être
guéri d'une manière assez parfaite pour s'engager dans
le mariage sans craindre de communiquer les scrophules
au sujet qui cohabite avec lui, ou de les transmettre à
ses descendans ?

Seconde partie. — Elle offre deux divisions principales;

La première entièrement relative au traitement pro-
philactique des scrophules, renferme l'exposé des précautions que doivent prendre les mères pendant la gestation, et les principes généraux de la meilleure éducation que l'on puisse donner à l'enfant après sa naissance; « Nous adressons, dit l'auteur, cette partie de
» notre ouvrage aux parens plutôt encore qu'aux mé-
» decins, parce que les premiers, guidés par la nature,
» la tendresse et l'amour, sans cesse occupés des soins
» qu'ils doivent prodiguer aux objets de leurs plus chères
» espérances, peuvent seuls, en faisant une sage et con-
» tinuelle application des règles hygiéniques, en évitant
» les abus d'une civilisation excessive, procurer aux
» fruits de leurs amours, cette heureuse constitution,
» cette santé brillante et soutenue sans laquelle il n'exis-
» tera jamais qu'un bonheur chimérique. »

La seconde comprend tout ce qui a rapport au traitement curatif de la maladie scrophuleuse.

. L'auteur fait d'abord la part aux superstitions, telles
que celles relatives aux voyages, aux pélérinages, au
toucher des rois; il passe ensuite à l'énumération des
médicamens préconisés par les différens auteurs, et réduit à leur juste valeur les nombreux moyens vantés par
l'ignorance et le charlatanisme comme spécifiques, en
démontrant, par l'expérience et le raisonnement, qu'il
n'existe aucun médicament auquel on puisse donner le
nom d'anti-scrophuleux.

L'auteur examine enfin avec détail les moyens approuvés par la nature, la raison et l'expérience, dans le traitement de la constitution scrophuleuse simple; il démontre évidemment que les moyens hygieniques doivent
constituer la base principale de ce traitement, en y faisant concourir des moyens pharmaceutiques capables de
remonter l'activité nutritive des tissus, sans y porter
aucune irritation dangereuse. Il part de ce principe pour
blâmer les méthodes banales, et surtout pour faire
rejeter de la pratique ces médicamens incendiaires,
qui, tels que l'elixir anti-scrophuleux, ne peuvent con-
venir que dans un très-petit nombre de circonstances, et
qui, dans toutes les autres, deviennent promptement
funestes par les accidens inflammatoires dont leur usage
ne manque jamais d'être accompagné.

Il termine par le traitement de la diathèse écrouelleuse
avec maladie locale, et fait sentir toute la circonspection
et la prudence que doit surtout alors apporter le médecin,
en se tenant constamment entre deux excès opposés,

ou bien de favoriser le développement de la constitution générale par des moyens débilitans; ou bien d'exaspérer l'affection locale par des irritans disproportionnés à l'état du malade.

Le dernier paragraphe est consacré à l'examen d'une question bien importante pour le traitement des écrouelles.

L'amputation des parties affectées de scrophules est-elle un moyen avantageux pour la guérison de cette maladie?

L'auteur démontre par des faits que l'affection strumeuse étant une maladie générale, il est impossible d'espérer la guérir par une ablation partielle, nonobstant l'opinion de plusieurs auteurs distingués, et que l'amputation n'est jamais avantageuse qu'en débarassant le malade d'une partie tellement désorganisée, que son séjour prolongé dans l'économie deviendrait funeste; il faut alors, comme le dit l'auteur, « savoir faire à propos » le sacrifice de la partie pour la conservation du tout; » il termine par les conclusions suivantes.

« 1.° Les scrophules sont toujours une maladie cons-
» titutionnelle, une altération portant spécialement sur
» la nutrition qui se trouve dès lors non seulement très-
» affaiblie, mais encore vicieuse dans sa nature, et
» consécutivement sur tous les systêmes de l'économie,
» spécialement sur ceux qui sont naturellement doués
» d'une moindre énergie vitale; tels que les tissus lym-
» phatiques, et qui, dans cette circonstance, offrent
» une désorganisation imparfaite, un défaut d'animali-

» sation, un état absolument identique à l'étiolement
» des végétaux.

» 2.º Toutes les maladies scrophuleuses locales dési-
» gnées par diverses dénominations dans les auteurs,
» ne sont autre chose que des inflammations *entées* sur
» la diathèse écrouelleuse.

» 3.º Il est beaucoup plus facile de prévenir l'affection
» scrophuleuse que de la détruire après sa manifestation,
» et par conséquent, les mères ne peuvent apporter t op
» de précaution pendant la gestation, et trop de soins
» à l'éducation physique de leurs enfans, pour les ga-
» rantir de ce fléau terrible.

» 4.º Le traitement général de l'altération strumeuse
» est toujours absolument le même par le fond , quelle
» que soit l'affection locale, mais il doit offrir des modi-
» fications relatives à la partie qui devient le siège de
» l'inflammation, au degré d'intensité, à la période
» de cette dernière maladie.

» 5.º Il faut particulièrement compter sur l'emploi
» bien dirigé des influences hygièniques dans la cure des
» écrouelles.

» 6.º Enfin, il n'existe et n'existera jamais aucun
» médicament spécifique contre les scrophules, et la
» guérison radicale de cette maladie ne peut être obte-
» nue que dans l'espace de quelques années, après là
» renovation parfaite de toutes les molécules organiques
» par le concours des moyens hygièniques et pharmaceu-
» tiques appropriés, et dont l'ensemble mérite seul le
» titre *d'anti-scrophuleux*.

Discours sur la sympathie et l'antipathie, par M.
Lepelletier (1819).

L'auteur après avoir fait observer combien est peu
précis le sens que l'on attribue vulgairement aux termes
sympathie et antipathie, définit la première, considérée
d'une manière générale :

« Un rapport seulement appréciable par ses effets,
» établissant entre deux individus réciprocité de sen-
» sation ou tendance au rapprochement. »

Et la seconde, « une opposition sensible dans ses
« conséquences portant à l'éloignement ou à la haine
» les deux êtres qui l'éprouvent l'un pour l'autre.

» La sympathie et l'antipathie peuvent être consi-
» dérées, dit l'auteur, sous deux points de vue bien
» différens, 1.º entre les organes d'un même sujet, 2.º
» entre deux sujets distincts.

» Sous le premier rapport, elles offrent, chez les êtres
» organisés, l'âme de cette admirable correspondance qui
» préside à l'harmonie des fonctions ; c'est par leur
» secours précieux que le tout veille à la conservation
» de la partie, la partie à la conservation du tout, et
» que le flambeau de la vie s'entretient au milieu des
» influences nombreuses qui tendent continuellement
» à son extinction.

» Sous le second rapport, elles deviennent le principal
» mobile des passions les plus opposées, telles que
» l'amour et la haine, la joie et la tristesse, le plaisir
» et la douleur : elles agissent avec empire sur les déter-

» minations de l'homme et des animaux ; concourent
» au maintien de l'ordre général, et des relations mul-
» tipliées que les êtres intelligens doivent entretenir
» avec toute la nature. »

L'auteur fait observer que son sujet, considéré sous
le premier point de vue, serait trop scientifique pour
la circonstance, il se réserve de le traiter ailleurs sous
cet aspect, et n'envisage ici la sympathie et l'antipathie
qu'entre les individus.

Il rejette les explications que l'on a données sur les
causes des sympathies, en les attribuant *à la circulation
d'un esprit particulier, à des vibrations différentes ou
analogues dans les fibres nerveuses, à l'action simultanée
des fermens animaux*, et à mille rêveries semblables, et
les rapporte toutes à des circonstances soit physiques et
dépendantes de l'organisation, soit morales et relatives
à des impressions antérieurement reçues. « Avec quel
» plaisir et quelle prédilection l'homme ne revoit-il pas
» les compagnons chéris de son enfance, quelle aversion
» secrète ne conserve-t-il pas pour ceux qui vinrent obs-
» curcir la sérénité de ses premières années par les
» chagrins et la douleur ?

« Ce n'est pas, sans doute, avec les mêmes sentimens
» que le voyageur éloigné depuis long-temps des lieux
» de sa naissance, considère à son retour l'azile mal-
» heureux, où courbé sous le poids de l'infortune, il
» eût à gémir de l'indifférence des hommes et des ri-
» gueurs du sort, et le séjour délicieux où l'amour
» maternel, par la plus tendre sollicitude, par les soins
» les plus délicats et les plus assidus, lui servit toujours

» de bouclier contre la souffrance ; et lui fit ignorer
» jusqu'au nom du malheur !

» Tous les êtres, dit encore l'auteur, qui réunissent
» l'intelligence et la sensibilité doivent nécessairement
» éprouver l'influence de la sympathie et de l'antipathie
» dans le commerce habituel qu'ils entretiennent avec
» les objets de leurs rapports ; mais un sujet aussi vaste
» dépassant les bornes d'un discours, nous arrêterons
» exclusivement nos regards sur les sympathies et anti-
» pathies relatives à l'espèce humaine.

» En parcourant le chemin de la vie, l'homme ren-
» contre à chaque instant sur son passage des objets
» qui doivent nécessairement lui faire éprouver des im-
» pressions agréables ou pénibles, impressions souvent
» modifiées, quelquefois même entièrement dénaturées
» par les influences que nous examinons.

» Les objets de nos rapports habituels déterminent,
» suivant leur caractère, des sentimens distincts ; ceux
» qui n'offrent que la matière inerte, font seulement
» naître le goût ou la répugnance, le plaisir ou la dou-
» leur ; ceux qui sont doués en même temps d'intelli-
» gence et de sensibilité inspirent de plus la haine ou
» l'amour. »

« Nous devons dès lors considérer la sympathie et l'an-
» tipathie sous trois points de vue principaux : 1.º entre
» l'homme et les êtres inanimés ; 2.º entre l'homme et
» les animaux ; 3.º entre les hommes eux-mêmes. »

L'auteur donne ensuite des exemples de chacune de
ces variétés, et démontre par des faits, qu'elles ne sont
point imaginaires.

Il suit l'homme dans le commerce de la vie, et le trouve toujours soumis à l'influence de la sympathie et de l'antipathie, dans ses liaisons ou dans ses haines.

Arrivé à la sympathie des sexes, il la fait entrer dans les desseins du créateur comme un moyen admirable pour assurer l'entretien et la propagation de l'espèce humaine.

« Deux individus entièrement opposés par leurs carac-
» tères physiques et moraux doivent concourir à l'ac-
» complissement de ces desseins éternels ; l'un doué de
» la force et du courage affronte les périls avec intré-
» pidité, renverse les obstacles par la vigueur de son
» bras, et confie souvent à la violence l'exécution de
» ses volontés.

» L'autre faible, timide, réunissant tout ce que la
» nature peut offrir de plus aimable et de plus gracieux,
» obtient par ses charmes des victoires toujours assurées,
» et n'ambitionne d'autre conquête que celle des sen-
» timens affectueux qu'il est si capable d'inspirer.

» Une puissance invisible rapproche dès le prin-
» temps de la vie ces deux êtres si différens, et les en-
» traîne l'un vers l'autre par une véritable affinité mo-
» rale ; un seul coup d'œil devient bientôt l'étincelle
» rapide qui doit allumer le feu sacré dans ces âmes
» pures, où le calme et la paix vont faire place aux
» douces rêveries, aux tendres agitations de ce charme
» délicieux qui, comme une flamme céleste, embrâse
» tout l'individu, augmente l'énergie de ses facultés,
» aggrandit la sphère de ses fonctions, et lui donne
» le sentiment intérieur d'une existence qu'il semblait

» ignorer jusqu'alors. Quel est ce pouvoir invisible qui
» captive le cœur, électrise les sens? je vous entends
» déjà nommer la sympathie.

» Etonnante sympathie, ne pourrait-on pas dire que
» c'est encore ta céleste influence qui métamorphose en
» délicieux plaisirs, les inquiétudes, les fatigues, et
» même les dégoûts attachés aux fonctions maternelles.

» C'est par tes soins assidus que l'homme peut tra-
» verser quelquefois sans naufrage, tous les écueils de la
» vie.

» Jetté dès en naissant sur une terre ennemie, où
» tout semble vouloir concourir à sa destruction, faible,
» languissant, incapable de connaître et de repousser
» les périls qui l'assiègent, l'infortuné va commencer
» et finir en même temps sa carrière!... mais non, tu
» prendras soin de sa conservation, tu placeras à ses
» côtés un être animé des plus tendres sentimens, qui
» trouvera le bonheur à protéger sa frêle existence, à
» sécher ses innocentes larmes, à rassembler d'aimables
» fleurs autour de son berceau, il n'aura plus rien à
» craindre puisque tu lui donneras le cœur d'une mère
» pour refuge et pour appui.

» Arrivé au terme de sa course, péniblement courbé
» sous le poids des années et des infirmités, lors qu'inu-
» tile aux êtres qui l'environnent, il semble menacé
» d'un abandon général, c'est encore toi qui viens lui
» prodiguer tes bienfaits, en alimentant le feu de la piété
» filiale dont les tendres soins lui font supporter avec
» moins d'amertume le spectacle affreux de la tombe
» qui s'entrouve déjà pour saisir sa victime, et dont

» les consolans entretiens calment son âme éffrayée à
» l'aspect du terrible passage ! »

L'auteur termine en faisant observer que l'étude des
sympathies et des antipathies est utile à tous les hommes pour le commerce de la vie, au philosophe pour
mieux connaître le cœur de l'homme, au médecin surtout pour l'exercice raisonné de la médecine morale,
partie si importante de l'art de guérir.

*** Coup-d'œil philosophico-physiologique sur la vie,**
par M. Mordret (1819).

Ce mémoire, aussi concis que la matière peut le
permettre, est divisé en trois parties. La première,
entièrement consacrée à quelques généralités, forme
deux chapitres.

Dans le premier, l'auteur établit que les élémens des
anciens, l'eau, la terre, l'air et le feu, ayant été analysés
et décomposés de nos jours, en principes jusqu'alors in-
connus, on ne doit pas désesperer de voir décomposer,
à leur tour, les corps qui nous paraissent encore simples ; on ne peut pas assurer non plus que l'azote,
regardé comme principe animalisant, qui asphixierait
l'animal qui le respirerait pur, soit parfaitement simple.
Il en est de même de l'oxigène, qu'on sait entretenir
la vie et la combustion : « Ce fluide peut récéler un
» principe plus subtil encore, qui, s'il était connu,
» nous expliquerait, peut-être, le secret de la vie. »
Après avoir exposé que la nature dérobe à notre intelligence, ses produits qui nous paraissent les plus simples ;

que la vie elle-même est cachée sous un voile que personne n'a pu soulever encore, il ajoute « ce principe
» est le même partout, universellement répandu dans
» les êtres vivans, il agit d'après l'organisation qui
» seule constitue les espèces ; si on remarque quelque
» différence, dans le mode d'action ou de sensibilité de
» chaque système ou appareil d'organe, dans les fonctions
» mêmes de chaque organe, ce n'est point parce qu'il
» a une vie propre et indépendante de celle de l'organe
» voisin, mais bien parce que, destiné à des fonctions
» d'un autre ordre, son tissu est différent, et que le prin-
» cipe vital se conduit toujours en raison de l'arrangement
» des molécules de l'organe qu'il doit activer. » L'univers
étant régi par des loix générales immuables, son auteur
a donné, à chacun des êtres qui le composent, une
partie de son essence, aux minéraux l'attraction, aux
êtres organisés l'attraction, plus la vie. « Ainsi, à me-
» sure que les êtres sont plus organisés, la vie s'accroit
» et l'attraction exerce moins son empire... les molécules
» de l'animal se séparent presqu'aussitôt que la vie les
» a abandonnés : celles des végétaux se divisent avec le
» temps, quand elles sont privées de ce principe, tandis
» que les molécules de la matière inerte, constamment
» soutenues par l'attraction, ne se désuniraient jamais
» sans l'action mécanique ou chimique de certains corps. »

Le second chapitre indique la différence qui existe
entre les êtres organisés : la vie, chez les uns, se
borne à la nutrition et à la génération ; chez les autres,
cette vie les met, en outre, en rapport physique et

moral avec ce qui les entoure. M. Mordret parcourt rapidement la chaîne de l'organisation, en passant des végétaux aux animaux les plus simples, et de ceux-ci jusqu'à l'homme, « Dernier œuvre du Créateur suivant » la genèse, mais le premier de tous les animaux dans » l'échelle de l'organisation, et dont la condition, sur » ce globe, semble être de se mettre en rapport avec » ce Dieu qui l'a créé. »

La deuxième partie traite plus spécialement de la vie. Elle forme deux sections, l'auteur pense que le mouvement communiqué aux molécules de la matière est inhérent à l'organisation : ce mouvement n'est qu'un effet, il a pour cause un principe émané de la divinité, destiné à modifier les molécules inertes qui, concourant à la formation des êtres organisés, s'accroissent insensiblement depuis le végétal le plus simple jusqu'au Zoophyte, et de celui-ci jusqu'à l'homme. Il admet la division de la vie [1] en végétative, générative et sensitive ; la première est la vie fondamentale de tous les êtres, la seconde celle des espèces : il divise encore la vie sensitive en physique et en morale ; considérant la première comme le partage de tous les animaux, la seconde comme appartenant à l'homme seul, et dont celui-ci ne jouit, à un haut degré, que dans l'âge mûr et lorsqu'il est bien organisé. « C'est cette dernière vie qui le distingue émi-

---

[1] Cette division, qni n'est pas daus la nature, est indispensable en physiologie.

» nemment des autres espèces, et lui donne tant de
» supériorité sur toute la nature entière... en un mot,
» la vie morale constitue le *génie*, *l'âme* ; elle est
» la plus subtile émanation de l'intelligence divine et
» l'homme seul est organisé pour en jouir. » Il remarque en outre qu'il réunit tous les principes d'activités, nutrition, génération, sensation, intelligence; tout est son partage.

Après avoir présenté quelques considérations physiologiques sur l'harmonie qui doit exister entre ces différens principes, pour l'entretien de la vie générale, l'auteur observe que, toujours en jeu, la vie végétative veille constamment, quand les autres se reposent, pour reparer les pertes que l'animal a éprouvées durant leur action; la première en fonction, elle cesse la dernière.

Dans la troisième partie, il examine la vie relativement à l'espèce humaine, en suivant les différentes périodes de l'existence, qu'il reduit à sept :

1.º *Etat de fœtus*, pendant lequel il vit aux dépens de sa mère, alors chargée d'élaborer, pour cet être naissant, tous les élémens de sa nutrition, de son accroissement : organe, en quelque sorte, de la mère, pendant le temps de la grosesse, sa vie, sa santé, tout dépend d'elle. Il rapporte quatre observations, tirées de sa pratique , d'avortement causé soit par des imprudences de la mère, soit par des médications trop actives ou produites intempestivement. Ces observations, recueillies avec soin, prouvent combien sont coupables les femmes, lorsqu'elles ne savent pas sacrifier leurs plaisirs à la douceur de devenir mère, et combien le

. jeune

jeune médecin doit être sagace et prudent, pour ne pas commettre d'erreurs pendant la gestation, dont les symptômes ont quelquefois été pris pour ceux de maladies graves et traités de même : erreurs toujours funestes à la mère et à l'enfant.

2.° *La première enfance*, depuis la naissance jusqu'à la sixième ou septième année. Pendant cette période, la vie est tellement en excès que l'enfant éprouve le besoin de communiquer cette exubérance d'action à tout ce qui l'entoure, « et l'accroissement se fait avec une si grande » activité, qu'une partie de ce principe (la vie) est comme » employée à la conservation des molécules déjà modi-» fiées pendant que l'autre fait provision de matériaux » pour en augmenter la masse. » Jusque-là, les enfans ne doivent jamais être tourmentés pour leur instruction.

3.° *La seconde enfance*, depuis la six ou septième jusqu'à la onze ou douzième année ; c'est la période la plus importante pour l'éducation physique et morale ; entièrement marquée par un excès d'action, elle n'offre pas une sensible différence entre les deux sexes, dans l'habitude extérieure, la voix, la rondeur et la souplesse des formes, la finesse du teint, quelquefois même l'expression de la physionomie, tout est presque semblable ; « ces intéressans enfans jouent, folâtrent ensemble » attirés l'un vers l'autre, par un sentiment de pure » amitié, qui, cependant diffère pour le sexe opposé, » sans qu'ils en puissent soupçonner la cause. » Après avoir fait remarquer combien il est important, pendant cet âge, de bien diriger l'éducation physique et morale de la jeune fille, pour la mettre, par la suite, à l'abri de

tous les maux qui assiègent nos petites maîtresses, l'auteur ajoute : « Presque toujours les filles de la campagne
» sont exemptes de ces affections nerveuses et autres ,
» dont sont tourmentées la plupart des citadines , et qui,
» le plus souvent, sont le résultat d'une éducation vi-
» cieuse ; robustes et bien constituées dès avant l'ado-
» lescence, elles supportent facilement la révolution de
» la puberté, et leur poitrine large et bien développée
» laisse déjà prévoir qu'elles pourront, sans danger,
» remplir les devoirs, que leur imposera plus tard, la
» noble condition de mère. Ces dernières enrichissent la
» société d'enfans forts et bien organisés, les autres, au
» contraire, ne produisent que des êtres faibles et
» délicats comme elles. »

4.º *La puberté*, depuis la seconde enfance jusqu'à la
20 ou 25ᵉ année, c'est l'âge de la brillante jeunesse,
remarquable, surtout, par la mise en activité de la vie
générative, le développement des passions vives, de l'amour
porté à l'excès ; période critique pour les deux sexes !....
elle les met souvent dans l'impossibilité de résister à la
douce sympathie qui les rapproche.

5.º *L'âge viril*, qui commence au moment où les organes de la réproduction sont entièrement développés,
et dure depuis 25 à 35 ans, époque de la vie où l'on
peut unir les sexes. « Arrivé (l'homme) à la matu-
» rité, c'est-à-dire, à cet âge de la vie où l'accroissement
» est entièrement achevé, ou les organes ont acquis
» toute leur perfection, époque que l'on peut généra-
» lement fixer de 25 à 35 ans pour le jeune homme, et
» de 18 à 25 pour la jeune fille ; la raison, cette boussole

(259)

» de la vie humaine, vient mettre un frein à la violence
» des passions, et les sexes doivent s'unir pour remplir
» leurs devoirs envers la société. » Après avoir donné
quelques considérations physiologiques relatives à l'influence des deux sexes sur le produit de la conception,
il pense, avec les physiologistes modernes, dont le nom
fait autorité (1), que les parens peuvent communiquer
à leurs enfans le germe (2), si l'on peut dire ainsi, de
certaines maladies dont ils sont eux-mêmes tourmentés ;
ou pour lesquelles ils ont une prédisposition dominante ;
telles sont la syphilis, les scrophules, la goutte, la gravelle, la leucorhée, la phtisie etc.; l'auteur recherche
ensuite si la vie peut communiquer aux rudimens de
l'embryon le germe de ces maladies, et après quelques
réflexions, qui tendent à prouver que ce fluide n'y
prend aucune part, l'auteur s'exprime ainsi : « Sem-
» blable à la source dont il émane, le principe vital
» ne peut s'altérer dans sa nature : destiné à développer
» et à modifier les molécules de la matière organisée, il
» veille sans cesse à leur conservation, et, loin de par-
» tager leur état pathologique, tous ses efforts tendent
» à reparer l'ordre troublé... plus ou moins actif, suivant
» que l'organisation est plus ou moins saine, ce principe
» ne fait que mettre en jeu les molécules qui constituent

---

(1) Bichat, Chaussier, Virey, Richerand, Magendie etc.

(2) L'auteur ne considère pas les maladies héréditaires (excepté la
syphilis), comme produites par un germe particulier, un virus à détruire, mais bien comme le résultat d'une altération primitive dans
les élémens.

» les rudimens du nouvel être : ainsi un individu ayant
» une organisation détériorée a moins de vitalité, et
» celle-ci faiblit toujours à mesure que les tissus se
» détériorent davantage.... alors le germe fourni par un
» père malade ou faiblement constitué, participant de la
» cause désorganisante, sera moins activé par la vie,
» dont il n'aura reçu qu'une dose proportionnée aux
» forces de ce père. Dans ce cas, l'enfant naîtra et restera
» faible, si la mère, forte et bien constituée, n'a reparé,
» dans son sein, le désordre commençant, ou si, après
» la naissance, on n'est parvenu à corriger les vices de
» son organisation primitive. » La vie, ayant beaucoup
d'analogie avec le calorique, sans lequel elle ne peut
exister, est aux molécules organisées, ce que le principe comburant est aux molécules combustibles. « Tous
» les deux faiblissent dans leur effet, si un obstacle s'op-
» pose à leur libre action sur celles qu'ils doivent mettre
» en jeu, enfin ils s'échappent quand l'obstacle est in-
» vincible, ou quand ces mêmes molécules ne sont plus
» susceptibles d'être activées.

6.° *L'âge mûr*, état stationnaire, depuis trente-cinq
jusqu'à cinquante-cinq ans, c'est l'époque de la réflexion,
du jugement, de la méditation. Alors la vie morale présente son plus grand développement et l'homme convenablement organisé est capable des plus hautes conceptions. Après avoir fait remarquer une différence sensible
dans le développement moral chez l'homme et chez la
femme, et fait plusieurs réflexions sur l'influence qu'exerce
cette vie chez ces deux individus, l'auteur s'exprime
ainsi : « Pendant le cours de l'âge mûr jusqu'au com-

» mencement de la vieillesse, il y a cette différence dans
» la vie morale des deux sexes que, chez la femme, cette
» vie s'exhale par le sentiment, les affections douces de
» l'âme et ces épenchemens du cœur qui, souvent, con-
» duisent à l'oubli de soi-même, chez l'homme, c'est par
» la pensée et les hautes conceptions qu'elle s'exhale: c'est
» alors qu'il mûrit ses idées, que son cerveau, comme
» l'a dit un savant de nos jours (Virey), engendre des
» enfans immortels... »

7.º Enfin *la vieillesse*, remarquable par le dépéris-
sement et l'affaiblissement gradué du moral et du physique, double circonstance qui conduit insensiblement
l'homme à l'instant si redouté « où le principe de toutes
» les existences s'échappe pour retourner à la source
» primitive, quand la matière ne peut plus être modifiée:
» alors tous les matériaux qui le composaient, ayant
» perdu le lien qui les unissait, se séparent et reviennent
» à leur premier état, pour se réunir encore à la volonté
» du Créateur. »

L'auteur avait déjà publié (Paris 1815. in-4.º 26 pag.)
une « Dissertation sur l'extension continuelle, avec la
description d'un appareil pour l'opérer le plus avantageusement possible. »

Il a aussi lu, en 1819, à la Société des Arts, un mémoire, sur les devoirs de la maternité, portant pour
épigraphe ce texte de Moysi:

> Partout à haute voix la nature nous dit:
> La véritable mère est celle qui nourit.

*** *Observations sur l'emploi de l'acide cyanique, par M. Feron* (1819).**

Ce médicament a été depuis peu introduit en médecine par un des expérimentateurs les plus distingués de ce siècle, le docteur Magendie. Recommandé surtout dans les affections de poitrine, il méritait toute l'attention des médecins dans la recherche des avantages ou des inconveniens qu'il peut produire. Des observations fort intéressantes insérées dans les journaux ont déterminé le docteur Feron à faire lui-même une série d'expériences sur l'emploi médical de cet acide; il publie quelques uns de ces faits pour engager les médecins à s'occuper de ce grand moyen thérapeutique.

1.° Irritation pulmonaire, toux continuelle, guérie par l'acide cyanique.

M.lle L. D.** âgée de 22 ans, avait toujours joui d'une santé brillante jusqu'à l'hiver de 1819, qu'elle éprouva une forte toux suivie bientôt de douleurs thorachiques; il survint de la fièvre; la poitrine, large et saillante, était sonore à la percussion, [emploi des mucilages et de 12 sangsues au thorax] diminution légère de la toux, amaigrissement, décoloration; après quinze jours, la toux devint continuelle, sèche et sans expectoration que celle d'un peu de salive. La perte de l'appétit et l'insomnie se joignirent à tous les autres fâcheux symptômes; la vivacité des douleurs de poitrine fit appliquer un vésicatoire sur le sternum (mêmes boissons, potions opiacées), la

toux diminue pendant un mois, après lequel elle devient
encore plus fatigante et ne laisse nul repos nuit et jour ;
sèche et férine, elle est insuportable même à ceux qui
l'entendent : les flux périodiques sont supprimés depuis
trois mois [sangsues à la région hypogastrique], il sur-
vient une légère diminution dans cette toux continuelle ;
mais les douleurs au dos et à la poitrine sont aussi vives.

Il y avait alors quatre mois écoulés depuis l'invasion ;
les accidens parvenus à un haut degré d'intensité,s'étaient
également accrus sous l'emploi des adoucissans, des narcotiques, des évacuans ou des dérivatifs qui n'avaient
produit que des améliorations passagères.

La situation désespérante de M.lle D. engagea l'auteur
à lui donner l'acide cyanique, à la dose, par jour, de 6
gouttes dans 4 onces d'eau de tilleul édulcorée : la guérison s'est opérée dans l'ordre suivant : dès les premières
doses, la toux devint moins fréquente et moins forte ;
un mois après, les douleurs de poitrine disparurent,
l'appétit et le sommeil furent bientôt de retour (dose de
l'acide portée à 9 gouttes pendant deux mois), au bout
desquels la demoiselle entra en convalescence avec le
rétablissement de toutes ses fonctions ; elle a bientôt
recouvré sa fraîcheur et son embonpoint.

Forcé de se renfermer dans un cadre étroit, l'auteur
passe sous silence les réflexions que ce fait doit suggérer.

2.º *Phtisie présumée.*

M.lle C.** d'une constitution délicate, âgée de 20
ans, éprouvait, depuis six mois, une toux sèche avec

un état fébrile, de l'oppression et des douleurs au thorax ; elle fut saignée et mise aux boissons gommeuses, sans amélioration : des vésicatoires volans, placés sur la poitrine produisirent un mieux qui ne se soutint pas, l'opium et l'extrait de jusquiame calmèrent faiblement la toux ; la malade ennuyée de remèdes infructueux, fut six mois sans consulter l'auteur : elle revint avec une toux sèche, continuelle et insuportable ; son visage était pâle et tiraillé, elle avait perdu son embonpoint : cette demoiselle n'ayant pas cessé de tousser n'était cependant parvenue à ce triste état que depuis un mois.

M. Feron essaya comparativement les narcotiques, l'extrait d'opium, celui de jusquiame ; léger soulagement après quinze jours, il remplaça ces moyens par des fumigations d'eau distillée de laurier cerise [acide prussique étendue d'eau], la toux diminua de moitié en peu de jours ; on fit succéder l'acide prussique à la dose de 8 gouttes, le 21.ᵉ jour de son emploi la toux n'existait plus et n'est pas revenue jusqu'à ce jour. Cette demoiselle n'a cependant repris ni embonpoint ni fraicheur, elle tousse encore un peu, elle a de l'oppression et une légère fièvre.

L'auteur la croit atteinte d'une affection tuberculeuse qui n'a été arrêtée qu'en détruisant l'irritation.

3.° Une fille de 15 ans avait, depuis trois mois, une toux sèche, de vives douleurs de poitrine, son visage était fatigué, elle avait beaucoup maigri ; on avait employé infructueusement les mucilagineux et les calmans, un demi gros d'acide prussique a suffi pour le rétablissement complet de sa santé.

4.º *Affections catharrales:*

Mad. D. * * de la Suze, d'une constitution forte et plétorique, était atteinte d'une toux très-fatigante qui avait résisté pendant deux mois aux moyens habituels, un gros d'acide cyanique la guérit avec tant de succès, qu'à son exemple, beaucoup de personnes de la même ville prirent cette portion et en ressentirent les mêmes effets.

5.º *Coqueluche.*

Deux enfans âgés, l'un d'un an, l'autre de trois; atteints de cette affection qui régnait à St.-Aubin, l'an dernier, ont pris chacun deux gouttes d'acide cyanique par jour : le premier a été guéri en 15 jours, et l'autre en 40..

Quoique dans ces observations, le médicament qui en est l'objet ait été efficace, on est loin de le présenter comme la panacée des affections de la poitrine : l'auteur né cite ces faits que pour provoquer ses collègues à en publier d'autres analogues qui aideront à fixer la place de ce moyen entre les calmans, parmi lesquels il semble jouir de grandes prérogatives.

Résumé.

Ces observations prouvent que :

1.º L'acide cyanique donné à plus de 50 personnes de tout âge n'a causé aucun accident.

2.º Il a réussi comme calmant dans les cas où les autres narcotiques avaient échoués.

3.º Il a détruit toutes les toux soit nerveuses soit par irritation.

M. le docteur Feron s'était déjà fait connaître par une « Dissertation sur l'entérité adynamique, et sur l'utilité des toniques dans son traitement, présentée et soutenue à la Faculté de médecine, le 17 mai 1816. Paris 1816. in-4.º ; un « Discours sur la certitude, l'utilité et la dignité de la médecine, 1818. »

M. Feron a aussi présenté à la Société un mémoire qui tend à résoudre la question encore indéterminée en chirurgie, sur l'âge où l'on doit pratiquer l'opération du bec de lièvre : l'auteur, par une série d'observations qui lui sont propres, indique, sans hésiter, les premiers mois après la naissance.

ART VÉTÉRINAIRE.

L'art vétérinaire, semblable à la médecine sous un grand nombre de rapports, a présenté, comme elle, plusieurs périodes bien distinctes dans son perfectionnement. D'abord livré à l'empirisme le plus aveugle, il fut ensuite soumis au raisonnement basé sur l'expérience. Des hommes de génie se livrèrent avec ardeur à l'étude de l'anatomie comparée, et, guidés par le flambeau de l'observation dans cette route nouvelle, établirent sur des fondemens solides l'hippiatrique science, l'une des plus importantes et des plus utiles.

Perfectionner les races des animaux domestiques, développer leurs forces, les entretenir dans un état de santé parfaite, prévenir et combattre les maladies de chaque animal en particulier ; détruire, par des moyens raisonnés ; ces épizooties meurtrieres qui non seulement enlèvent presque tous les animaux de la contrée qu'elles affligent, mais qui exposent encore l'existence de l'homme lui-même, soit par les foyers d'infection qu'elles développent, soit par l'insalubrité de l'aliment que fournissent les animaux malades ; enfin donner à l'agriculture des moyens de perfectionnement et de prospérité, fournir à la médecine des faits et des observations riches en résultats pour la connaissance des maladies de l'espèce humaine, tel est le but, tels sont les avantages de l'art vétérinaire dont les progrès confiés aux travaux des Flandrin, des Dupuy et de tant d'autres praticiens hahabiles ne peuvent manquer d'en reculer les limites.

Nous regrettons que les mémoires lus à la Société, sur un objet aussi directement lié à l'agriculture, ne soient pas en plus grand nombre, ils se bornent aux suivans.

Mémoire et observations relatifs à une épizootie qui a régné sur les cochons, pendant les mois de mai et juin 1806, par M. Lépine.

Cette épizootie meurtrière enleva plus de 700 cochons dans le canton du Lude ; la commune de Luché et ses environs en perdit plus de 300 dans le cours du mois de juin.

La maladie ne se manifesta pas de la même manière chez tous ces animaux.

Chez les uns, invasion subite, chez d'autres, langueur, abattement, teinte jaune foncé de la peau quelques jours avant le développement des symptômes.

Dans les deux premiers jours de la maladie, diminution très-sensible de l'appétit, avidité pour les liquides, yeux ternes, oreilles pendantes, constipation, urines claires et fréquentes ; quatrième jour, marche chancelante, incurvation très-prononcée de la colonne vertébrale, tenant aux douleurs intestinales, dépression du ventre, état de contraction permanente des muscles abdominaux ; chute de l'animal qui demeurait couché pendant 5, 10 et 15 heures ; ensuite, mouvement de rotation et mort. Sur le plus grand nombre, couleur livide des cuisses peu d'heures après.

La cause de cette épidémie est restée inconnue. *Autopsie cadavérique*, — traces non équivoques de phlogose dans les intestins, chez les uns gangrène de la muqueuse intestinale grèle, chez d'autres, nombre considérable de vers dont la figure se rapproche beaucoup de celle du tœnia ; perforation de l'intestin dans plusieurs points par ces insectes, — développement considérable des reins.

La maladie sembla porter spécialement sur les jeunes cochons depuis 8 à 10 mois, et elle ne parut contagieuse que pour ceux de cet âge.

Le traitement employé par les châtreurs consistait en saignées à la queue, en scarifications et rubifians aux oreilles, traitement dont notre savant confrère démontre l'insuffisance et même le danger.

Celui qu'il a mis en usage avec un plein succès, consiste à nourrir les animaux de plantes aromatiques et amères, coupées avec un tiers de lait, à leur faire prendre, chaque jour, de 12 à 15 grains de camphre, en bols ;

à purifier l'air de leurs toits par des fumigations de Guiton-de-Morveau.

Notre honorable collègue termine ce mémoire plein de faits curieux et parfaitement rédigé, en exprimant ses regrets et son étonnement de voir les sociétés d'agriculture accorder aussi peu d'attention aux maladies des porcs qui, dans nos contrées, font une des principales richesses des cultivateurs, et la nourriture habituelle des deux tiers au moins de la population.

Cet excellent mémoire est inséré dans les Annales d'Agriculture 1811, t. 48, p. 164.

Mémoire sur l'épizootie qui régna sur les cochons dans les campagnes de la sous-préfecture de la Flèche, 1806, par M. Boucher.

MM. Lépine et Boucher ayant traité le même sujet se trouvent en rapport dans un assez grand nombre de points, et en opposition dans plusieurs autres. Afin d'éviter des répétitions au moins inutiles, nous n'indiquerons, dans cette analyse, que les opinions particulières à M. Boucher, et qui font différer son mémoire de celui de M. Lépine.

M. Boucher considère la maladie comme tenant de la nature de la peste; il assure qu'elle faisait périr les animaux dans l'espace de 3, 4, 12, 18 et 20 heures, aucun symptôme précurseur.

Autopsie cadavérique. — Lard terne, de la consistance du beurre fondu, chairs mollasses, d'un rouge brun; accumulation de gaz dans les intestins, taches brunes dans les orgânes; extrême fétidité. — L'auteur pense que la maladie débute par la bouche et se propage de là au tube intestinal.

Caractère de la maladie. — M. Boucher regarde cette maladie comme une véritable peste chez les cochons.

Cause éloignée. — L'auteur considère comme telles, la mauvaise qualité des fruits, l'humidité de l'atmosphère pendant l'automne.

Cause prochaine. — M. Boucher admet *un fluide délétère apporté par l'air ou produit par la mauvaise disposition intérieure de l'individu, fixé dans les nazeaux, passant dans les nerfs et attaquant promptement le principe vital.* Il nous semble bien plus naturel et plus conforme aux lois de la saine physiologie, de considérer, avec M. Lépine, cette maladie comme une inflammation de la muqueuse digestive.

Traitement. — Pour alimens, des glans, des farineux, de l'eau blanchie avec la farine d'orge, salée et légèrement vinaigrée; bains à l'eau courante, affusions froides, l'auteur propose même l'inoculation de la maladie ; mais ne vaut-il pas mieux éviter cette affection morbifique par des moyens préservatifs convenables que de la donner à des animaux qui peut-être ne l'auraient jamais eue : vin aromatique à l'intérieur, sétons entre l'oreille et la mâchoire inférieure.

L'auteur termine son mémoire par des réflexions sages sur la nécessité d'inhumer profondément les cadavres des animaux morts de cette maladie, de prendre les plus grandes précautions pour s'assurer que ceux destinés

à la consummation ne sont pas atteints de cette altération dangereuse.

M. Augis , artiste vétérinaire de la ville du Mans ;
envoyé par M. le préfet dans la sous-préfecture de la
Flèche, pour y constater la nature de l'épizootie, et
donner la marche à suivre dans le traitement, a présenté
également à la Société un très-bon mémoire, dans lequel sont développés les mêmes idées et les mêmes
principes.

SUPPLÉMENT A LA PREMIÈRE SECTION.

CHAPITRE QUATRE. — NAVIGATION.

Page 59, après ces mots, « Pont-Royal » ligne 2 ;
ajoutez :

Etat des différens travaux qui ont été commencés ou terminés sur la Sarthe, depuis décembre 1801.

Arrêté du 7 brumaire an 3, qui autorise la continuation des réparations à faire à l'ancienne chaussée du gord de Noyen.

En l'an 8, réparations faites à la même porte par régie.

Adjudication du 13 vendémiaire an 12, pour la reconstruction d'un barrage en pierre au gord de Noyen.

Autre du 10 mars 1806, pour l'enlévement des heuts-fonds dans le lit de la Sarthe près le pertuis de Théval et en face du bourg de Fercé.

Du 2 octobre 1807, pour l'enlévement des hauts-fonds à la suite des pertuis de la Suze.

Du 15 juillet 1808, pour l'enlévement des hauts-fonds à la suite des pertuis de Spay, Fillé et la Beunèche.

Du 26 août 1808, pour la confection d'une écluse à sas près le moulin de Chaoué.

Du 9 mars 1809, pour la réfection de la porte de Théval.

Adjudication

Adjudication du 10 mars 1810, pour le curement du lit de la rivière, au-dessous des portes de Théval et Noyen.

Du 2 octobre 1812, pour la réfection du pertuis de Sablé.

Du 11 novembre 1814, pour la réparation du pertuis de Parcé.

En 1815, extraction, par urgence, d'une file de tronçons de pieux sous l'eau à l'aval du pertuis de la Beunèche.

Adjudication du 6 septembre 1816, des travaux d'entretien des pertuis de la Sarthe, par série de prix.

Reconstruction, par suite de cette adjudication, en 1817, des pertuis de Fillé et la Beunèche.

Adjudication du 12 juin 1818, de la reconstruction en bois du pertuis de la Suze.

Supplément à la navigation du Loir, p. 66.

Le Loir, dit M. Cherrier, est rendu navigable par le moyen de barrages ou déversoirs placés transversalement, et où l'on a pratiqué des pertuis, pour le passage des bateaux. Les eaux de cette rivière sont abondantes : cependant, lorsque l'on ouvre tous les pertuis, elles s'écoulent avec rapidité, et le Loir devient alors guéable, en deux ou trois jours, sur plusieurs points de sa longueur. La hauteur de l'eau, entre ces barrages, est ordinairement de trois mètres, et dans quelques endroits de cinq à six.

18

Sur chacun de ces déversoirs, il a été établi un ou plusieurs moulins à farine, quelques moulins à tan et à foulon, dont il serait facile d'augmenter le nombre. Ces usines intéressantes ajoutent, chaque jour, aux ressources du commerce et fournissent un débouché avantageux aux productions du pays. On ne peut trop encourager la navigation sur une rivière qui arrose un pays fertile, et baigne les murs de plusieurs villes importantes. Considérés sous cet aspect, les barrages sont infiniment utiles : cependant, ces constructions si avantageuses en général, n'ont pas été à l'abri de plusieurs inconvéniens, et l'avidité des propriétaires les a tellement multipliées, qu'elle en a fait un établissement préjudiciable à la richesse du pays, dont elle occasionne souvent la ruine.

En effet, les meuniers ont commencé par élever les chaussées, pour augmenter la chute de leurs moulins ; les marchands navigateurs ont aussi fait construire des bateaux plus profonds et plus lourds ; ensorte, qu'au lieu de 54 à 80 centimètres d'eau dont ils avaient besoin, il leur en a fallu de 108 à 135 : les attérissemens ayant alors augmenté, ont fourni un nouveau prétexte pour exhausser les chaussées ; et comme les intérêts du meunier et du navigateur se sont trouvés d'accord, aucun d'eux n'a élevé la moindre plainte.

Ces spéculations particulières ont occasionné l'inondation des propriétés riveraines, autrefois renommées par leurs richesses et leur fertilité ; les prairies, devenues des marais, n'ont plus donné que des foins de mauvaise qualité (1); par exemple, entre la Flèche et Durtal, sur une longueur de 4 lieues, on évalue à 12,000 arpens l'étendue des prés qui bordent les deux rives : le tiers est aujourd'hui converti en marais qui ne sont presque d'aucun rapport, et les quatre sixièmes du reste ne produisent que des herbes de médiocre ou mauvaise qualité; perte immense que l'on peut évaluer à 400,000 fr. de capital, et à plus de 27,000 fr. de revenu (2) : or, n'est-il pas révoltant qu'un aussi grand dommage ait pour cause l'existence de moulins trop multipliés.

Ces abus déterminèrent les riverains à présenter, en 1752, une requête, pour obtenir l'abaissement des chaussées; le Gouvernement chargea l'ingénieur en chef, Voglie, de faire le nivellement de la rivière du Loir, depuis Angers jusqu'au Lude, sur une longueur de 73 kilomètres. Cet immense travail fut terminé en 1754, et l'adjudication des travaux à faire eut lieu le 15 décembre 1758.

La dépense montait à 109,947 fr., que devaient payer les propriétaires riverains; mais, la plupart de ces pro-

---

(1) Avant cette époque, il y avait des haras florissans sur les bords du Loir ; on en comptait, dans les environs de la Flèche, quatre qui fournissaient d'excellens chevaux : à Gallerande, au château de la Varenne, à la Barbée et à Durtal. Mais les propriétaires livrés à l'entretien de ces établissemens se sont dégoûtés de soins dont ils ne retiraient plus aucun profit.

(2) Pendant les eaux ordinaires, plusieurs propriétaires sont obligés, pour faucher, de solliciter les meuniers à lever les vannes de leurs moulins...

priétaires, plus effrayés de cette charge momentanée,
qu'encouragés par les avantages permanens qui devaient
en résulter, s'opposèrent eux-mêmes aux vues de l'ingénieur, intriguèrent, et le projet fut abandonné. Depuis
cette époque, le mal a fait de grands progrès : les avaries
estimées en 1752, à 400,000 fr., peuvent être évaluées,
de nos jours, à 500,000 fr. Il est donc urgent d'arrêter
les progrès d'un abus aussi désastreux : à combien de
maladies ne sont pas exposés les habitans des contrées
sujettes à des inondations : par exemple, la rivière de
Somme, en Picardie, a formé des marais qui ont en-
vahi le domaine de l'agriculture, et, dans plusieurs communes de cette province, la vie moyenne des habitans,
minés par les fièvres, est réduite à 33 ans. On peut pré-
dire que si les chaussées du Loir ne sont pas baissées,
sur 73 kilomètres de longueur, à partir de son embouchure près Angers, il s'y formera des marais semblables
à ceux du département de la Somme; cet abaissement
doit être de 20 pouces pour chaque chaussée.

Une seconde opération, non moins essentielle, serait
d'enlever les attérissemens, à une profondeur suffisante
pour faciliter la navigation, c'est-à-dire, de quatre pieds
au moins, en contre-bas du niveau des eaux ordinaires,
sur une largeur de 40 pieds (1).

---

(1) Arrêté de la préfecture de la Sarthe, du 12 juillet 1808, qui
fixe l'époque des travaux à exécuter, et les déblais de 10,267 mètres
50 centimètres d'attérissemens à enlever sur la rivière du Loir, d'après
le devis de l'ingénieur en chef, qui évalue ces travaux à 28,765 fr.
32 cent.

Dans un autre mémoire, non moins intéressant, M. Cherrier recherche quels sont les moyens les plus convenables pour enlever ces attérissemens, soit par la voie des écourues, soit par celle des batardeaux ou des dragues.

Après avoir balancé les avantages et les inconvéniens que présentent ces différentes méthodes, le même ingénieur termine ainsi :

Les écourues seules ne sont pas un moyen suffisant pour enlever ces attérissemens, parce qu'elles ne découvrent point assez, durent trop peu de temps pour un travail de longue haleine, et qu'elles exigent une grande surveillance sur les meuniers qui, en faisant tourner leurs roues, avant les heures indiquées, dérangent l'ordre établi ; car, les eaux ne doivent être rendues aux moulins qu'à l'instant où elles vont dépasser le niveau des écluses.

Les batardeaux présentent un moyen très-dispendieux, quoique plus sûr, que celui des écourues : ils entrainent des frais d'épuisemens, presque indéterminés, sont sujets à beaucoup d'avaries : ils ont surtout l'inconvénient de reporter dans le lit de la rivière, une masse à la place d'une autre : en suivant ce système, on remplace les terres fermes de la rive par des remblais qui peuvent, à la première crue, être de nouveau entraînés par le courant.

Les dragues n'ont contre leur usage, que la difficulté du fond, et un peu de lenteur ; mais, elles présentent une grande économie, sans avoir aucun des inconvéniens attachés aux batardeaux à terre coulante (1).

Il existe un projet d'une haute importance, celui de réunir le Loir à l'Eure, par un canal qui donnerait une nouvelle activité au commerce de Nantes, Rouen, de Paris et villes intermédiaires [2].

---

(1) Le moyen le moins couteux et le plus facile de rendre le Loir navigable, consiste à substituer des sas aux portes marinières qui sont dangereuses pour descendre, et trop difficiles pour remonter les trains et les bateaux.... En général, le Loir est fort encaissé, profond, et à l'aide d'un peu de drague, il se prêterait, d'autant mieux à une grande navigation que ses bords facilitent le tirage (M. de Bellisle, 1791).

Pour enlever les attérissemens dans les rivières, il faut employer les deux moyens de la drague et des écouues.

1.º On doit avoir en permanence un attelier de dragues.

2.º On emploie le temps des écourues à piquer, remuer, défoncer le terrain qui forme les attérissemens que ces dragues seules enleveraient difficilement ; on peut employer le temps des écourues à déblayer ces attérissemens, parce que c'est le moyen le plus économique qu'on devrait préferer, s'il n'était pas insuffisant, vu le peu de temps que durent les écourues (M. Chaubry).

[2] Le conseil général de la commune de Louviers (Eure) s'exprime ainsi (délibération du 18 thermidor an 3) sur ce projet de jonction :
« M. Clavaux et société fut autorisé, par un décret du 26 juillet 1793,
» à ouvrir un canal de navigation pour joindre les rivières d'Eure et
» du Loir : mais cette importante entreprise n'eut point d'exécution,
» parce que Clavaux et ses associés périrent la plupart pendant le
» règne de la terreur.

La réunion de la Loire avec la Seine, par un canal de jonction des rivières de l'Eure et du Loir, dans la longueur de 270,000 toises, ou 135 lieues, de 2,000 toises, à travers les cantons les plus fertiles, doit nécessairement procurer des avantages infinis en tous genres.

En 1811 , le ministre donna l'ordre, à l'ingénieur en chef, de dresser la carte du Loir dans son cours, sur notre département.

Ce travail est commencé, aujourd'hui les bateaux peuvent remonter, avec charge entière, jusqu'à Vaas , et, demi-charge jusqu'à Château-du-Loir.

ATTÉRISSEMENS DES PETITES RIVIÈRES.

Si les déversoirs établis sur le Loir exposent, suivant M. Deshourmeaux, par leurs trop grands exhaussemens, tous les prés voisins de cette rivière à des inondations continuelles, les ruisseaux sur lesquels il existe des moulins, à des distances très-rapprochées, présentent le même inconvénient. La plupart de ces moulins n'ont point de déversoirs, et le seul écoulement des eaux

---

— Le versement des 5,000,000 fr. que Clavaux et ses associés devaient fournir, aux termes du décret précité, ne put s'effectuer, par les calamités de toute espèce qui renversèrent leurs fortunes.

Le conseil général de la même commune (arrêté du 26 thermidor an 3), considérant que la jonction projetée est de la plus haute importance, qu'elle intéresse particulièrement les communes de Vendôme, Montoire, la Chartre, Château-du-Loir, le Lude, la Flèche, Durtal, Angers, etc., toutes situées sur le Loir, arrêta que ce projet de navigation serait communiqué au comité des ponts et chaussées et au gouvernement. Ainsi, avant l'événement funeste dont Clavaux et ses associés furent les victimes, ces citoyens zélés avaient obtenu l'approbation du gouvernement pour leur utile projet; les plans, nivellemens, devis, mémoires etc., qu'ils avaient dressés, furent déposés par eux dans les archives du département d'Eure-et-Loir, où ces pièces doivent exister. (Note de M. Cherrier.)

consiste dans une ou plusieurs petites vannes, n'ayant souvent qu'une section d'un mètre de largeur : ces vannes étant d'ailleurs à la disposition arbitraire des meuniers , ne sont jamais levées qu'au moment où l'inondation est presque générale. Ces petites rivières, à leur approche des coursiers, étant renfermées dans un lit forcé, les rives se trouvent trop élevées : alors, plus de moyen d'écoulement, et il faut que l'air et la terre absorbent l'eau qui couvre la surface des prés ; d'où il résulte que la bonne herbe est remplacée par du jonc et de la mousse. Il est donc indispensable d'établir des déversoirs qui soient en rapport avec les prairies et la chute des moulins : par ce moyen on augmentera considérablement les produits d'une étendue immense d'herbages, et le gouvernement doublera ses richesses par l'augmentation progressive des impositions.

Les matériaux suivans, qui se rattachent aux sciences mathématiques et physiques, sont indiqués dans le registre des délibérations de la Société, mais non déposés aux archives ; ainsi, nous ne pouvons qu'en donner le titre.

MM.

De Bellisle. Utilité des canaux de navigation, 1797.

Boucher. Mémoire sur les précautions à prendre relatives aux noyés, 1804.

Recherches sur les hommes réputés incombustibles, à l'occasion d'un Espagnol doué de cette faculté, 1805.

MM.

Boucher. Recherches sur les centenaires ; et sur une femme morte à la Flèche, âgée de 103 ans, 1807.

Exposé historique des deux passages des Vendéens par la Flèche et son territoire, considérés par rapport à la santé des habitans, 1809.

Chiron. Analyse raisonnée des ouvrages mathématiques de M. le Professeur Reynaud, 1817.

Deslandes. Notice sur l'ouragan qui a dévasté plusieurs communes des environs de la Flèche, le 1.ᵉʳ juin 1811.

Mémoire sur les mauvais effets de la Jarosse [*Lathyrus cicera*], prise comme aliment, 1817.

Mallet. Mémoire sur les fièvres scarlatines, 1802.

Dissertation physiologique sur le plaisir et la douleur, 1817.

Marigné. Analyse des eaux minérales de la Suze, 1816.

De Musset. Mémoire sur les différens ruisseaux et cours d'eau du département qui se perdent sous terre, 1804.

Pavée. Mémoire sur l'emploi des immersions froides en diverses maladies et sur les ravages exercés par l'épidémie, en 1793, dans plusieurs départemens de la rive gauche du Rhin, 1814.

Poté. Mémoire sur l'histoire naturelle des polypes, 1816.

CHAPITRE NEUVIÈME.

Indication des principaux mémoires qui seront analysés dans la section des sciences morales et économiques, et dans celle de la .ittérature et des beaux arts.

MORALE.

MM.

Boyer. De l'éducation des filles : jusqu'à quel point la
culture des sciences et des arts doit-elle entrer dans
cette éducation?

Le Mans, Fleuriot, 41 pag. in-8.º 1812.

Essai sur le bonheur, 1814.

De la musique, considérée dans son influence morale,
1817.

Chiron. Avantages que présente la nouvelle méthode
d'enseignement mutuel, et tableau de celle suivie à
Angers, 1817.

Daudin. Différence de l'amour propre comparé à l'amour
de soi, 1811.

Sur les agrémens que procure l'étude des sciences,
1812.

Deslandes. De la pauvreté et de la mendicité : des
moyens de détruire l'une et de soulager l'autre. *Le
Mans*, Fleuriot 1817. in-8 º 28 p.

Gaude. Essai sur la musique ancienne et moderne, et
son influence sur la civilisation des peuples, 1816.

MM.

LEPRINCE-D'ARDENAY. Recherches sur la véritable gloire; 1807.

DE LESTANG. Influence de la morale religieuse sur la prospérité des empires, 1801.

Dissertation sur les bonnes mœurs, 1817.

DE MUSSET. Recherches sur l'importance de l'éducation primaire, et sur le nombre présumé des personnes sachant lire et écrire, 1798.

Sur l'infanticide, 1803.

OLIVIER. Sur la politesse; ses bons et ses mauvais effets, et sur l'importance de l'éducation des femmes, 1812.

De l'éducation primaire. *Le Mans*, 8 p. in-8.° 1812.

Idées libérales, 1815 (imprimé) 7 pag.

DE PASSAC. Recherches sur le caprice et la bizarrerie; 1809.

PESCHE. Essai sur les bureaux de charité, suivi du compte rendu des opérations du bureau de bienfaisance de la Ferté-Bernard. *Le Mans*, 1817. 40 pag. in-8.°.

RENOUARD. Avantages que présente la nouvelle méthode d'enseignement primaire (*Annuaire* 1818.).

SAUQUAIRE-SOULIGNÉ. Recherches philosophiques sur l'esprit, 1813.

Esquisse morale des caractères en général, et de l'orgueil, considéré comme la source des vertus et des vices, 1814.

HISTOIRE DU MAINE.

CHESNEAU-DESPORTES. Rapport sur les événemens rela-

MM.

tifs à l'invasion du Mans, par l'armée Vendéenne;
le 20 décembre 1793, [1795].

Origine de la cérémonie des lanciers au Mans, le di-
manche des Rameaux, 1811.

Histoire de la congrégation des sœurs du Riboul, 1812.

Tableau du bonheur de la France sous le gouvernement
des Bourbons, depuis Henri IV, 1814.

DAUDIN. Exposé des objets d'antiquités trouvés au
Mans, dans les fondations du pont Napoléon, en
1809. (imprimé in-4.°)

Mémoire en réponse au précédent, et conjectures sur
l'origine de la ville du Mans, par M. Berard, 1810
in-4.° [imprimé].

DE FORBONNAIS. Mémoire sur un grand nombre de
médailles d'or Romaines, trouvées dans la paroisse
de Contres, 1797.

LEDRU. Recherches sur les antiquités d'Alonnes, près
le Mans. (*Annuaire* de l'an 8.)

Relation de la prise du Mans par les Calvinistes en
1562. [*Annuaire* de l'an 10.]

Mémoire sur l'ancien collége du Mans (1) et sur la
maison de l'Oratoire, 1802.

Observations sur l'histoire du Maine... plan à suivre
et catalogue des meilleurs ouvrages à consulter pour
écrire l'histoire de cette province (*Annuaire* des
années 11 et 12.)

---

(1) Fondé en 1599, par l'évêque d'Augènes, confié en 1624, aux
prêtres de l'Oratoire, rebâti et aggrandi en 1750, aux frais de la province.

MM.

Histoire de la prise du Mans, par les Chouans, le 15 octobre 1799, avec le détail des crimes et des malheurs qui accompagnèrent cet événement funeste, 1804.

Recherches sur les statues Mérovingiennes, et sur quelques autres monumens de l'Eglise Cathédrale, [*Annuaire* 1813. *Magaz. Encyclop.* fév. 1814.].

MAULNY. Notice de quelques médailles romaines, trouvées au Mans et dans les environs de cette ville [*Annuaire* de l'an 8.]

Notice des événemens les plus remarquables, arrivés dans la province du Maine, depuis 1424 jusqu'en 1450. [*Annuaire* de l'an 9.]

Médailles Romaines, trouvées à Allonnes de 1774 à 1801. [*Annuaire* de l'an 10], texte latin.

Tombeaux en pierre, découverts à Digé (Orne) près Saint-Côme, le 14 février 1801.

DE MUSSET. Observations sur l'histoire des Celtes et des Gaulois, 1802 et 1807.

Notes historiques pour servir à la description de la province du Maine et du département de la Sarthe, 1804 et 1805.

PICHON. Observations sur un paragraphe de l'annuaire pour l'an 8, relatif à l'histoire de la province [*Annuaire* de l'an 10].

RENOUARD. Mémoire sur les tombeaux en pierre, découverts à Connerré [*Annuaire* de l'an 12].

Réponse aux observations de M. de Musset sur quelques points de l'histoire du Maine, 1806 et 1809.

MM.

RENOUARD. Essais historiques et littéraires sur la ci-
devant province du Maine, *le Mans*, Fleuriot 1811,
2 vol. in-12.

Notice sur les monumens et anciens châteaux du
département de la Sarthe [*Annuaire* 1815].

Recherches sur les monumens de la cathédrale [*Annuaire* 1818].

De ROSNI. Recherches sur les Celtes et les Druides,
1802.

BIOGRAPHIE.

BOUCHER. Notice sur la vie et les ouvrages de feu Mar-
chant-de-Burbure, an 2.

BOYER. Notice historique sur la vie, les ouvrages et la
famille de Nicolas Denisot, surnommé le comte
d'Alsinois; accompagnée de quelques observations
sur la poésie latine et française de son temps. in-8.°
de 72 pag. *le Mans*, Monnoyer 1811.

DESPORTES-DE-GAGNEMONT. Eloge funèbre de M. Leprince-d'Ardenay, 1819.

DURONCERAY. Notice sur Moutonnet-de-Clairfons, 1815.

HOUDBERT. Eloge de M. Nioche-de-Tournai, secrétaire
perpétuel de la Société des Arts, 1816.

De M. Négrier de la Crochardière, maire de la ville
du Mans, 1817.

De M. Ysambart, juge au tribunal criminel, 1817.

De M. de Lestang, 1819.

LEDRU. Notice historique sur Eustache Livré, 27 mars
1806.

MM.

LEDRU. Notices historiques et littéraires sur plusieurs hommes célèbres de la province du Maine, Fillastre, Flacé, Forbonnais, Fromentières, Froullay, Garnier, Geoffroi-le-Bel, Gerberon, Grandier, Hildebert, Hubert, Lacroix-du-Maine, Lami, Le Barbier, Le Bourdais, Le Gaufre, Mersenne, La Mothe-le-Vayer, Moutonnet-de-Clairfons, etc., (imprimées dans les annuaires et dans la biographie universelle, lettres F-M.).

LEPRINCE-D'ARDENAY. Eloge historique de F. Veron-de-Forbonnais, 1800. in-8.º [imprimé].

Notice sur Arthus I.er de Bretagne, comte du Maine, 1803.

Eloge du comte de Tressan, 1810.

Eloge de Bodereau, jurisconsulte, 1811.

Notice sur la vie de M. Veron-Duverger, 1813.

MAULNY. Notice sur Robert Garnier, poète manceau, 1811.

DE MUSSET. Notice sur Henri I.er roi d'Angleterre et comte du Maine, 1803.

Eloge de Nicolas Coëffeteau, 1806.

Note biographique sur M. Hebert d'Haute-Clair, 1806.

Notice biographique sur P. Belon, 1811.

NIOCHE-DE-TOURNAY. Eloge de M. Hebert d'Haute-Clair, 1807.

OUVRARD. Eloge historique de l'abbé Belin, chanoine du Mans, 1817.

Notice biographique sur Bondonnet de Parece, jurisconsulte manceau, 1817.

MM.:

De Passac. Eloge historique de Pierre Belon , 1808:
Notice sur la vie et les ouvrages de Ronsard, 1810.
Précis sur M. de Gribauval , inspecteur d'artillerie.
Paris 1816 , 15 pag. in-8.º.

Pôté. Eloges historiques de Belon , Bouvet, Lami
et Mersenne. *Le Mans* , 1816, in-8.º.

Renouard. Mémoire sur Germain Pilon , et sur l'état
de la sculpture dans le département de la Sarthe
[*Annuaire* de l'an 10].
Eloge de Belon , naturaliste-voyageur , médecin et
antiquaire (*Annuaire* , 1809).
Eloge de l'abbé Chapelle, professeur à l'université de
Paris [*Annuaire* , 1809].
Eloge d'Etienne Bréard, poète latin, traducteur de
Louis Racine [*Annuaire* , 1810].
Eloge historique des sœurs de la Chapelle-au-Riboul ,
et de Mad. Tulard, leur fondatrice (*Annuaire* , 1815).
Notice historique sur feu Maulny (*Annuaire* 1816).
— Sur l'abbé Pichon [*Annuaire* , 1817].
— Sur la vie et les ouvrages de Scarron , ancien
chanoine du Mans , 1817.
Réflexions sur Scarron et sur sa mascarade à Pont-
Lieue [*Annuaire* 1818].
Epitaphe de M. Négrier-de-la-Crochardière , maire de
la ville du Mans [*Annuaire* , 1818].

De Rosni. Eloge de Florian , 1807.

Sauquaire-Souligné. Notice biographique sur M. Da-
niel-de-Beauvais , 1808,

Urguet-de-St.-Ouen.

MM.

Urguet-de-St.-Ouen. Eloge de M. Menard-de-la-
   Groye, 1813.

GÉOGRAPHIE ET CHRONOLOGIE.

Berard. Mémoire sur la fontaine de Vaucluse, sur la
   belle Laure et Pétrarque, 1809.

   Dissertation sur les antiquités de Fréjus et sur les
   mouvemens de la mer, 1813.

   Réfutation des systêmes de Strabon, de ses commen-
   tateurs, enfin de celui de Buffon, sur la formation
   de la Méditerranée. *Le Mans* 1814, 7 pag. in-8.º.

   Description de la grotte d'Amour près Bayonne, 1818.

D'Estourmel. Tableau du département de l'Aveyron,
   suivi d'une esquisse sur le caractère de ses habitans,
   1818.

Goupil. Défense du systême de Buffon, basé sur celui
   de Strabon, 1815.

   (Réplique par M. Berard, 1816.)

Ledru. Voyage aux îles de Ténériffe, la Trinité, Saint-
   Thomas, Ste.-Croix et Porto-Ricco, de 1796 à1798.
   Paris 1810, 2 vol. in-8.º avec 1 carte.

De Musset. Observations sur la division des temps, et
   sur la chronologie, 1800.

   Réflexions sur l'ancienne lieue Gauloise, et sur la
   distance de Pontlieue au Mans, 1800.

Renouard. Recherches sur la mesure de la lieue Gauloise,
   et sur Pontlieue [*Annuaire*, 1810].

AGRICULTURE.

MM.

Beauvais (Daniel de). Mémoire sur le parti qu'on pourrait tirer des landes du Bouré, situées entre la Suze, Ecommoy et la Flèche, 1803.

Berard. Mémoire sur l'agriculture du département de la Sarthe, en réponse aux questions proposées par le ministre de l'intérieur, 1802.

Rapports sur les marnes des environs du Mans, 1804.

Mémoire sur les pêcheries du département, 1804.

Observations relatives au mémoire de M. Deslandes sur la culture des environs de la Flèche, 1804.

Mémoires sur la plantation des arbres fruitiers, 1802 et 1805.

Mémoire sur la plantation des forêts, 1807.

Observations sur la culture des mûriers, 1809.

Mémoire sur la cause de la fertilité contenue dans le gypse, 1809 (imprimé).

Tableau du systême d'agriculture adopté par Pictet, à Lancy près Genève, 1809.

Améliorations agricoles dont le département de la Sarthe est susceptible; deux mémoires, 1815.

Projet de défrichement des landes , et marais communaux, 1818.

Bouvier. Réflexions sur l'agriculture, l'économie rurale et domestique, 1798.

Mémoire sur la race des bœufs sans cornes, 1799.

Burbure. Mémoires sur les mines de fer du canton de Rouez.

MM.

Chesneau-Desportes. Mémoire sur la poudre végétative, proposée comme engrais, 1797.

Mémoire sur l'origine, les progrès et le perfectionnement de l'agriculture, 1800.

Deslandes. Deux mémoires sur les moyens d'utiliser les
landes dans le département de la Sarthe, 1803.

Mémoire sur la culture des environs de Durtal et de
la Flèche [*Annales d'agriculture*, t. 13,] 1803.

Projet de code rural, 1808 [imprimé].

Observations sur les sols et terres de bruyère, et sur
les moyens de les rendre fertiles (*imprimé dans les
Annales de l'agriculture* 1810, *t.* 43.).

Dissertation sur les améliorations introduites dans
les diverses branches de l'économie rurale de l'arrondissement de la Flèche. *Paris* 1813, 27 pag.
in-8°.

Desportes-de-Gagnemont. Avantages que la culture
du lin procurerait au département de la Sarthe,
1802.

Hebert - d'Hauteclair. Notice sur l'éducation des
abeilles, 1805.

Jeslin. Réponse à cette question : « Quel est le mode
de labourage, et quels sont les instrumens aratoires
qui conviennent le mieux au département, 1812.

Ledru. Essai sur la culture des plantes étrangères qu'on
peut acclimater et utiliser dans le département de
la Sarthe [*Annuaire* de l'an 10].

Mémoire sur les tourbières du département, 1804.

Rapport sur la charrue Levasseur, comparée à celle

MM.

de Guillaume; au nom d'une commission spéciale;
1808.

Second rapport sur la même charrue, au nom de la
commission chargée de suivre les expériences relatives à cet instrument aratoire, 1809.

Procédés à employer pour la fertilisation des prés;
1812.

Rapport sur la nature et les effets délétères de la Gesse
[*Lathyrus cicera*] employée comme aliment, 1816.

Rapport sur l'ouvrage de M. Roxas, relatif à la culture de la vigne, dans l'Andalousie, 1816.

Leprince-d'Ardenay. Recherches sur la culture et les
apprêts du chanvre, 1796.

Moyens d'utiliser les pommes de terre gelées, 1796.

Rapport sur la nouvelle construction de ruches pyra-
midales, proposée par M. Ducouëdic, 1809.

Leprince-Clairsigny. Mémoire sur la culture des plantes exotiques, dans le département de la Sarthe,
1796.

De Lestang. Discours sur l'agriculture, 1807.

Livré Essai sur la culture de deux espèces de blé étranger, qu'on pourrait acclimater dans la Sarthe, 1800.

Maffré. Tableau de l'agriculture du département de la
Sarthe, 1814.

Maulny. Rapport sur les tourbières découvertes à St.-
Jean-du-Bois, an 10.

Menjot. Mémoire sur l'usage de la tourbe et de sa cendre, an 9.

MM.

Mony. Considérations sur l'état de l'agriculture dans le
haut Maine, 1801.

De Musset. Inconvéniens qui résultent de la multiplication des marnières, 1805.

Considérations sur l'état de l'agriculture en France,
et particulièrement dans le département de la Sarthe, 1807.

Améliorations introduites, depuis 50 ans, dans les diverses branches de l'économie rurale de l'arrondissement de St.-Calais, 1808.

Avantages que présente la culture du topinambour,
1810.

Mémoire sur la culture de la vigne dans le département
de la Sarthe, 1810.

Des avantages que la culture du lin pourrait procurer
à notre département, 1811.

Negrier-la-Crochardière. Observations relatives à
la destruction des taupes, 1806.

Ouvrard. Observations sur le mémoire de M. de Musset, relatif à la vigne, 1810.

De Perrochel. Deux mémoires sur la propagation et
l'amélioration des animaux ruraux, dans les cantons
de Fresnay, Beaumont et Vivoin, 1796 et 1799.

Rast-Desarmands. Notice sur la culture de l'arachide,
ou pistache de terre, 1805.

Réflexions sur la manière d'exécuter la plantation des
grandes routes, 1806.

Rast-de-Maupas. Mémoire sur les ravages que causent
les sauterelles, et procédé pour leur destruction, 1805.

MM.

RENOUARD. Mémoire sur l'agriculture du département
de la Sarthe (*Annuaire* de l'an 9).

Tableau de l'agriculture du Sonnois [arrondissement de Mamers], 1810.

Mémoire sur le système de culture suivi dans le département de la Mayenne , 1812.

Réponse à cette question : « Serait-il plus avantageux
de faucher les graines céréales que de les fauciller, »
1812.

DE TOURNAY. Rapport sur les établissemens ruraux de
M. Sauquaire, à St.-Jean-du-Bois , 1802.

Mémoire sur la culture et les apprêts du chanvre dans
la province du Maine, 1803.

DE TURIN. Mémoire tendant à prouver la nécessité
d'établir des haras en France, 1799.

VÉTILLART. Mémoire sur la culture du lin de *Riga* dans
le département de la Sarthe. *Le Mans*, Fleuriot
1817, 7 pag. in-8.º.

BÊTES A LAINES.

BEAUVAIS (DANIEL DE). Deux mémoires sur les différentes espèces de bêtes à laine et sur leur amélioration dans le département, 1803.

LUGA. Mémoire sur l'éducation des moutons mérinos,
voyageurs en Espagne, 1817.

OLIVIER. Analyse raisonnée du mémoire de M. Luga,
sur les bêtes à laine , 1817.

SAUQUAIRE-SOULIGNÉ. Hommage fait à la Société de
quatre béliers mérinos ; mars 1808.

MM.

Rapport sur le troupeau mérinos appartenant à M. Sauquaire, par les commissaires de la Société, MM. Jeslin, Ledru et Renouard; mai 1808.

De Tournay. Rapport sur les échantillons des laines d'Espagne présentés à la Société, au nom de M. le comte de Turin, an 8.

Instruction sur la clavelisation, 1808.

Rapport sur l'éducation des mérinos, 1809.

De Turin. Mémoire sur les moutons Espagnols élevés à Rambouillet, 1803.

Rapport sur divers échantillons de laine d'Espagne, 1803.

BOIS ET FORÊTS.

Berard. Recherches sur les pins du département, et sur le goudron qu'on peut en extraire, 1796.

Hébert-d'Hauteclair. Moyens d'encourager à planter des bois, 1802.

De Larue-du-Can. Mémoire sur la plantation des arbres, 1803.

Rast-de-Maupas. Observations sur les frênes dévorés par les cantharides, 1802.

Mémoire sur les moyens de créer des avenues perpétuelles, 1803.

Nouvelle méthode de greffer en fente en temps inusité, 1808.

ARTS ÉCONOMIQUES.

MM.

BECHET-DESHOURMEAUX. Description d'un moulin propre à dégager la graine de trèfle de son enveloppe, inventé par le sieur Loiseau, de St.-Mars-d'Outillé, en 1813, et auquel la Société des Arts décerna en séance publique une récompense de 200 fr. (machine perfectionnée depuis par la Société)

BOUVIER. Inconvéniens de l'usage des blés nouveaux, 1802.

CAUCHY. Mémoire sur l'acier fondu, 1799.

CHESNEAU-DESPORTES. Mémoire sur la mouture des grains, 1796.

DAUDIN. Exposé descriptif d'une machine ou moulin à broyer les mortiers et les cimens, 2.e édit. *Le Mans*, Fleuriot, 1809, 20 pag. in-4.°, avec une gravure.

DUMESNIL-D'HAUTEVILLE. Observations sur l'état actuel des moulins à blé, la nécessité de leur adapter la mouture économique, et sur la construction des moulins à vent, 1796.

Deux mémoires sur le même objet, 1796 et 1819.

MARIGNÉ. Mémoire sur la panification des pommes de terre mélangées avec les céréales, 1817.

. Analyse raisonnée d'une instruction ministérielle sur la panification des blés avariés, 1817.

MENJOT-D'ELBENNE. Instruction sur les fours à chaux, 1796.

Mémoire sur une nouvelle fabrication de tuiles en grèz, 1807.

MM.

Mémoires sur les constructions rurales, ou supplément à l'art du charpentier. *Paris* 1808, 61 pag.
in-8.º avec cartes et tableau.

Renouard. Mémoire sur l'emploi du bois de pin maritime qu'on pourrait substituer à celui du chêne,
1796.

Vautier. Mémoire sur l'acier de cémentation, 1796.
Rapport sur un nouveau procédé de carbonisation;
1801.

Veron. Rapport sur une étoffe fabriquée avec les laines
de MM. de Perrochel et de Turin, 1802.

MANUFACTURES ET COMMERCE.

Beauvais (Daniel de). Observations sur l'inégalité des
récoltes et sur la perte que l'agriculture éprouve de
l'agiotage, 1795.
Tableau comparé du prix des grains de 1789 à 1804.
Berard. Mémoire sur les funestes effets de l'agiotage et
des banqueroutes, 1800.
Projet d'un établissement de banque au Mans; 1802.
Mémoire sur les avantages que procure le commerce,
1811.
État du commerce et de l'agriculture en France, 1815.
De l'influence réciproque du commerce et de l'agricul-
ture sur la prospérité des empires. *Paris* 1816,
31 pag. in-8.º.
Mémoire sur le commerce des fruits cuits dans le dé-

MM.

partement de la Sarthe, 1818 (adressé au ministre
de l'intérieur).

Renouard. Origine de la fabrique d'étamines au Mans ;
ses progrès, sa décadence, et son rétablissement
projetté [*Annuaire* 1816].

Sauquaire. Mémoire sur le systême général des impositions en France, 1816.

De Tournay. Mémoire sur la teinture en rouge, 1796.

Notice sur la fabrication et le commerce des étamines ;
des bougies, et des bougrans, dans la ville du Mans,
1796.

Mémoires sur les fabriques et manufactures existantes
dans le département de la Sarthe, 1797 et 1804.

Veron. Mémoire sur les moyens de rendre plus floris-
santes les manufactures du département, 1797.

Nota. Le bureau consultatif d'agriculture et commerce, formé en avril 1795, fit imprimer le 27 novembre 1799 une « Adresse des négocians et manufacturiers
de la ville du Mans, aux Consuls de la République, sur
la décadence du commerce dans ce département. »

La Société Royale des Arts, décerna, dans sa séance
publique du 22 décembre 1817, et à titre de récompense, une médaille d'or, de la valeur de 200 fr., à
M. Lemaître, fabricant d'étamines au Mans.

STATISTIQUE GÉNÉRALE DU DÉPARTEMENT.

Réponse du Bureau central des arts, aux questions
proposées par le gouvernement... deux mémoires,
1801—1802.

MM.

Auvray. Statistique du département de la Sarthe. *Paris*, an 10. in-8.°, avec 4 tableaux.

Berard. Statistique de la Sarthe, en réponse aux questions proposées par le gouvernement, 1810-1815, deux mémoires.

Maffré. Statistique agricole de la Sarthe, 1815.

Renouard. Réponse aux questions sur l'agriculture, et statistique du département, 1815.

STATISTIQUE DE CANTONS ET COMMUNES.

Beauvais [Daniel de]. Tableau de la commune de Fillé-Guécélard, 1803.

Bouvet-de-Louvigny. Statistique de la commune de Louvigny, 1796.

De Burbure. Statistique du canton de Château-du-Loir, 1795.

De la Rue-du-Can. Mémoire sur l'agriculture, le commerce et l'industrie du district de la Flèche, 1802.

De Forbonnois. Statistique du canton de St.-Côme, 1798.

D'Hauteclair. Statistique du canton de St.-Pater, 1805.

Menjot. Statistique du canton de Tuffé; deux mémoires, 1796—1797.

De Musset. Mémoire sur l'agriculture et le commerce du canton de Bessé, 1796.

De Moloré. Statistique du canton de St.-Paul-le-Gautier, 1796.

MM.

Négrier-de-la-Crochardière. Tableau de la commune de Moncé-en-Belin , 1796.

De Perrochel. Trois mémoires sur la stat'st'que des cantons de Fresna , Beaumont et Vivoin, 1796 — 1802.

Prudhomme-de-la-Boussinière. Deux mémoires sur les communes de St.-Pierre et de St.-Vincent-du-Lorouer.

STATISTIQUE DE LA VILLE DU MANS.

Adresse de la Société des Arts, à la municipalité du Mans, relative au plan de cette ville, 1802.

Négrier-de-la-Crochardière. Plusieurs tableaux in-folio, etc. sur la statistique de la ville du Mans , de 1800 à 1812.

Renouard. Deux mémoires sur les tueries et les boucheries de la ville , 1807 et 1808.

GRAMMAIRE.

Boyer. Dissertation sur l'emploi du mot *Normalité*, 1810.

Analyse des « Rud'mens de la traduction; » par M. Ferry-de-St.-Constant, 1811.

Butet. Abrégé d'un cours complet de Lexicographie, *Paris*, 1801, in-8.º

Abrégé d'un cours complet de Lexicologie. *Paris*, 1801, in-8.º

MM.

Butet. Rémarques sur l'étimologie du mot *Attention*, 1808 (imprimé).

Dissertation sur la proposition *à*, 1813, in-8.º.

Cours théorique de l'instruction élémentaire. *Paris*, 1818, in-8.º.

Cours pratique d'instruction élémentaire. *Paris*, 1818 in-8.º.

Mortier-Duparc. Fragmens d'une traduction des Géorgiques, 1814.

Johanneau [Eloi]. Mélanges d'origines étymologiques et de questions grammaticales. *Paris*, 1818, 96 pag. in-8.º.

Olivier. Le trépied étymologique, lettre A, 1809 [imprimé].

Les deux *Pigeons*, fable de Lafontaine, présentée comme essai d'une nouvelle orthographe, 1810 [imprimé].

Locutions françaises expliquées par l'analyse latine, 1810 (imprimé).

Dissertation sur les participes de la langue, 1810.

Analyse raisonnée de la grammaire française publiée par Guinebert, 1811.

Grammaire française raisonnée d'après son origine, 1812 (imprimé).

Critique de la traduction d'une églogue de Virgile, par le Gouvé, 1812.

A-B-C. français, instruction du jeune âge. *Le Mans*, 1812, 12 pag.

Dissertation sur les mots *Escuyer, Bon, Méchant*,

MM.

Malin, *Malitieux*, *Accorder* et *Achorder ;* etc. *;*
1813.

Observations sur l'influence des langues, 1813.

Dictionnaire de la langue écrite, lettres A C C. *Paris*
1813, 16 pag. in-8.º.

L'Optike du cœur pouvant former la 2.ᵉ section du
dictionnaire de l'Académie. *Le Mans*, 1817, 45
pag. in-8.º.

Pôté. Dissertation grammaticale sur les mots, *Progrès*
et *Perfectionnement*, 1813.

BIBLIOGRAPHIE.

Ledru. Catalogue analytique des manuscrits de la bibliothèque publique du Mans, avec des observations
littéraires et critiques, pour faire suite à l'essai de
M. Renouard, 1818.

Nota. On compte en France 180 bibliothèques publiques, indépendamment de celles qui enrichissent la
capitale. La bibliothèque du Mans renferme 41,000 volumes; elle n'a au-dessus d'elle que celles de Grenoble,
42,000 — Troye, 50,000 — Besançon, 53,000 — Aix,
72,000 — Bordeaux, 105,000 — et Lyon, 106,000. (An-
nal. de l'imp. et de la lib. franç. in-8.º.)

De Musset. Etat des sciences et des arts dans la province du Maine, depuis Jules-César jusqu'à nos
jours, 1801.

Renouard. Essai sur la bibliographie, et sur la littérature ancienne et moderne, 1796.

(3o3)

MM.

Renouard. Essai historique sur les manuscrits en général, pour servir de préliminaire au catalogue
analytique des manuscrits de la bibliothèque publique
du Mans [*Annuaire de la Sarthe*, 1818].

ART ORATOIRE.

Boyer. Réflexions sur les charlatans en matière d'enseignement, 1811.

Daudin. Discours sur les sciences et les arts et sur
l'utilité des sociétés littéraires, 1810.

Gaude. Essai historique sur les arts, 1815.

Houdbert. Les ecclésiastiques peuvent-ils se livrer à
la poésie ? 1812.

Leprince - d'Ardenay. Sur les différens genres d'éloquence, 1803.

Négrier-de-la-Crochardière. Jouissance que procure l'étude de la littérature et des arts, 1811.

Pasquier. Discours sur les sciences et les arts, 1817.

Rivière. Examen critique de cette proposition de Quin-
tilien : « *Nascuntur poetæ ; fiunt oratores* » 1812.
Discours sur l'éloquence du barreau, 1812.

Turbat. Essai sur l'enseignement considéré sous les
rapports physiologiques, 1812.
Avantages des sociétés littéraires et de leur influence
sur la prospérité publique, 1815.

Urguet - de - St. - Ouen. Discours sur l'éloquence de
l'avocat, comparativement à celle du ministère public, 1810.

POÉSIE.

MM.

BLANCHARD-DE-LA-MUSSE. Stances sur la fatalité, 1819.

BOYER. Le retour du printemps, 1810.

Stances sur le bonheur, précédées de réflexions sur
la poésie, 1811.

CHIRON. Le papillon et le cerf-volant, fable, 1816.

L'hospitalité récompensée, idylle, 1817.

Prière de Brama, conte Indien, 1817.

Les trois Conseils, conte 1819.

DESPORTES-DE-GAGNEMONT. Mort de Ciceron, fragment
traduit de Cornelius Severus, 1799.

Ode d'Horace « *Jàm veris comites etc.* » traduite en
français, 1801.

Traduction en français de la première églogue de Virgile, 1801.

S.te-Albe et Cécile, pièce en vers, 1807.

Dissertation sur les Romans, 1813.

Ode sur les Bourbons, 1814.

Le Mari retrouvé, conte en vers, 1818.

Fragmens d'une tragédie de Turnus, 1818.

Stances sur Louis XIV, 1819.

Ode sur l'amour maternel, 1819.

HOUDBERT. Le jugement de Salomon, cantate, 1810.

Le jeu de Boston, facétie, 1811.

Hercule aux enfers, cantate 1812.

L'après-midi d'un beau jour d'été à la campagne;
1813.

Eaux minérales de Ruillé-sur-Loir, 1814.

HOUDBERT

MM.

Houdbert. Analyse raisonnée d'une tragédie de Philippe
II, par M. Dausmier, 1819.

Combat de don Quichotte, cantate, 1819.

Eloi Johanneau. L'Horoscope de Marcellus, traduit
de Virgile, suivi d'un hymne au soleil, 1819 [im-
primé].

Mortier-Duparc. Le faiseur de projets, ou la pierre
philosophale de l'agriculture, 1812.

Examen du *Misantrope de Molière*, 1813.

Ouvrard. Préceptes d'agriculture, traduits du latin de
Baudius, 1807.

De Passac. Stances sur les Bourbons, 1817 [imprimé].

Renouard. Usages anciens et modernes du premier de
l'an. — Etrennes lyriques, étrennes rimées, 1803.

Renvoisé. Hommage aux Bourbons rendus aux Français. *Le Mans*, Fleuriot 1814, 8 pag.

Cantique ou paraphrase du psaume *Exaudiat*, appliqué à Louis XVIII, 1815.

Imitation en vers français du psaume « *Deus meus, ad
te de luce vigilo* » 1817.

MÉLANGES.

Adresse de la Société des Arts, au ministre de l'intérieur, et nomination de MM. Chesneau, Clairsigny,
Maulny et de Tournay, commissaires pour empê-
cher l'aliénation de l'Eglise cathédrale, 13 septembre 1798.

Berard. Notice sur les monumens celtiques de Mont-
morillon en Poitou, 1798.

MM.

Bérard. Recherches sur l'antiquité de Bordeaux, 1800.

Boyer. Mélanges, en prose et en vers, sur les soirées amusantes, 1810.

Cherrier. Mémoire sur les prisons de la Flèche, 1801.

Chesneau-Desportes. Importance, sous le rapport de l'art, des statues de l'église de Solême, 1816.

Chiron. Projet de colonisation sur la côte occidentale de l'Afrique, ou Sénégambie, 1816.

Mémoire sur la classification des sciences, et considérations générales sur la nature inorganique, 1818.

Recherches historiques sur Rome et les Jésuites, 1819.

Mortier - Duparc. Sur la différence du comique au ridicule, 1812.

De Musset. Recherches historiques sur le télégraphe, 1801.

Recherches sur la fable de Roland, comte du Mans et seigneur de Blaye, 1810.

Pasquier. Influence de la dynastie régnante sur la culture des beaux arts en France, 1815.

De Passac. Notice sur William Collins, suivie de quatre églogues orientales, d'une ode sur les passions, traduite de l'anglais, de ce poète, 1809.

Coup-d'œil sur l'état du Portugal, sous le règne de Marie de Bragance, 1811.

Amour et honneur, ou Inès et Henri, anecdote Brésilienne, 1810.

Renouard. Les Manceaux vengés [*Annuaire* de l'an 12].

Origine de l'antipathie des hauts contre les bas-Manceaux, 1805.

MM.

.Renouard. Origine. de plusieurs proverbes reçus dans
la société (*Annuaire*, 1817).

De Rosny. Réflexions sur la Légion d'honneur, 1807.

    Histoire littéraire de la France, pendant le 13.ᵉ siècle ;
faisant suite à celle des Bénédictins, 1807, in-4.ᵉ
(imprimé).

TABLE GÉNÉRALE

DES MATIÈRES.

(309)

ERRATA.

Pag. 127, note 1, 1814 : *lisez* 1816. 6000 fr. *lisez* 4500 fr.

FIN.

www.ingramcontent.com/pod-product-compliance
Lightning Source LLC
Chambersburg PA
CBHW051301060726
47596CB00001B/206